畜禽废弃物高效资源化利用及生态循环典型模式

主　编　　邓　兵

武汉理工大学出版社
·武　汉·

图书在版编目(CIP)数据

畜禽废弃物高效资源化利用及生态循环典型模式/邓兵主编.—武汉:武汉理工大学出版社,2022.3
ISBN 978-7-5629-6487-2

Ⅰ.①畜… Ⅱ.①邓… Ⅲ.①畜禽-饲养场废物-废物综合利用-研究 Ⅳ.①X713

中国版本图书馆 CIP 数据核字(2021)第 204089 号

项目负责人:彭佳佳　　责任编辑:彭佳佳
责 任 校 对:李正五　　排　　版:芳华时代
出 版 发 行:武汉理工大学出版社
社　　址:武汉市洪山区珞狮路 122 号
邮　　编:430070
网　　址:http://www.wutp.com.cn
经　　销:各地新华书店
印　　刷:湖北恒泰印务有限公司
开　　本:787×960　1/16
印　　张:8.5
字　　数:170 千字
版　　次:2022 年 3 月第 1 版
印　　次:2022 年 3 月第 1 次印刷
定　　价:88.00 元
凡购本书,如有缺页、倒页、脱页等印装质量问题,请向出版社发行部调换。
本社购书热线电话:027-87384729　87391631　87165708(传真)

前　言

畜禽养殖废弃物资源化利用是一项重大的民生工程，事关畜产品有效供给，农村居民生产、生活环境改善，生态环境保护。它作为乡村生态振兴、污水资源化利用和碳中和、碳达峰的工作重点，对推进绿色种养循环，减少养殖污染排放，实现农业绿色发展具有重大的现实意义。

近日，我国印发了《“十四五”全国农业绿色发展规划》，该规划提出将绿色发展作为实施乡村振兴战略的重要引领。提出加强农业资源保护利用，加强农业面源污染防治，加强农业生态保护修复，打造绿色低碳农业产业链；牢固树立和践行“绿水青山就是金山银山”的理念，抓好畜禽养殖废弃物资源化利用，促进种养结合，推动畜禽养殖废弃物资源化利用的建设，推动农业发展绿色转型。

作者团队正是基于目前的发展形势，在查阅相关的管理法规和规范的基础上，综合分析猪、鸡、牛等畜种废弃物的收集、处理和生态循环利用的方式方法，完成了本书的编写。

本书共分为 5 章，重点围绕畜禽养殖废弃物资源化利用，基于废弃物的收集和处理方式，从养殖废气消减技术、废弃物的生态循环利用研究及现行湖北省地方标准和相关技术规程等几个方面展开，旨在为畜牧养殖业的绿色可持续发展和乡村振兴建设提供帮助。

本书由邓兵担任主编，彭霞、濮振宇、秦心儿、冉志平、陶利文、黄京书、刘武、高其双、阮征、陈洁、刘志伟、谭珺隽、周华、邵中保参与了编写。

本书在编写过程中，引用了部分国内外相关著作以及文献的部分文字、数据和图表资料，笔者在此向各位作者致以诚挚的谢意。同时，也感谢为本书提供指导和帮助的各位专家与领导！

由于畜禽废弃物资源化利用是一项相对较新的技术手段，目前发展速度较快，尽管笔者尽最大努力去完成本书的编写，但因水平有限，书中不妥之处在所难免，希望广大读者和同行批评指正。

编　者
2021 年 6 月

目　录

1 畜禽养殖废弃物资源化利用政策解析

1.1 概　　述

21世纪以来，我国畜牧业持续稳定发展，规模化和产业化程度不断提高，综合发展能力逐步加强，给消费者带来了丰富的肉、蛋、奶等高品质的食物产品及羊毛、羽绒等高质量的纺织产品。然而，伴随着产业的发展，畜禽养殖业布局不合理导致部分地区养殖量过高，超过了对养殖粪污消纳的容量，从而引起局部地区水、土和空气等环境受到不同程度的污染。

与此同时，种植业的集约化、规模化和产业化程度也在逐步提升，对肥料的需求日益增加。但是，化肥的长期不规范使用导致了土壤结构的破坏和重金属的残留等问题，给周边水体的水质和土地的水土保持带来了很大的威胁。

如果能将畜禽养殖废弃物转化为有机肥料用于种植，那么既能解决养殖业的废弃物消纳问题，又能解决种植业的肥料需求问题和土壤结构破坏问题，还能解决生态环境中水体破坏和水土流失问题。因此，自党的十八大以来，为推进国家生态文明建设的总体要求，党中央、国务院高度重视绿色发展和畜禽养殖废弃物资源化利用工作，制定了一系列的方针、政策和行动计划，用于规范、指导和监督畜禽养殖废弃物资源化利用工作。

1.2 现行法规及解读

我国发布的关于生态文明建设和环境保护相关的政策法规和涉及畜禽养殖废弃物资源化利用的重要政策法规主要有13项，内容如下：

1.2.1 《中华人民共和国环境保护法》

《中华人民共和国环境保护法》以中华人民共和国国家主席令的形式于2014年4月24日发布，2015年1月1日起施行。

该法第49条规定：畜禽养殖场、养殖小区、定点屠宰企业等的选址、建设和管理应当符合有关法律法规规定。从事畜禽养殖和屠宰的单位和个人应当采取措施，对畜禽粪便、尸体和污水等废弃物进行科学处置，防止污染环境。

1.2.2 《中华人民共和国水污染防治法》

《中华人民共和国水污染防治法》以中华人民共和国国家主席令的形式于2017年6月27日发布，自2018年1月1日起施行。

该法第56条规定：国家支持畜禽养殖场、养殖小区建设畜禽粪便、废水的综合利用或无害化处理设施。畜禽养殖场、养殖小区应当保证其畜禽粪便、废水的综合利用或者无害化处理设施正常运转，保证污水达标排放，防止污染水环境。畜禽散养密集区所在地县、乡级人民政府应当组织对畜禽粪便污水进行分户收集、集中处理利用。

1.2.3 《畜禽规模养殖污染防治条例》

《畜禽规模养殖污染防治条例》以中华人民共和国国务院令的形式于2013年11月11日公布，自2014年1月1日起实施。

该条例颁布的目的是防治畜禽养殖污染，推进畜禽养殖废弃物的综合利用和无害化处理，保护和改善环境，保障公众身体健康，促进畜牧业持续健康发展。

该条例首先明确了从畜禽养殖场、乡镇人民政府、县级及以上人民政府在本条例实施过程中的职能，然后从统筹规划、合理布局、综合利用、激励引导等方面明确规定了各畜禽养殖场在开展生产活动中必须达到的要求及达到要求可采取的大概措施。

通过实施该条例，将大力提升我国畜禽养殖废弃物综合利用的整体水平及畜禽养殖业的环境保护水平，有利于从根本上突破农业可持续发展面临的资源和环境瓶颈。

1.2.4 《大气污染防治行动计划》

2013 年 9 月 10 日，国务院印发了《大气污染防治行动计划》(国发[2013]37 号)。其中，第六条提出：发挥市场机制调节作用。本着“谁污染、谁负责，多排放、多负担，节能减排得收益、获补偿”的原则，积极推行激励与约束并举的节能减排新机制。

该条例的一大重点是大力发展循环经济。通过产业集聚发展，实施园区循环化改造，推进能源梯级利用、水资源循环利用、废物交换利用、土地节约集约利用，促进企业循环式生产、园区循环式发展、产业循环式组合，构建循环型工业体系。

1.2.5 《水污染防治行动计划》

2015 年 4 月 16 日，国务院印发了《水污染防治行动计划》(国发[2015]17 号)，俗称“水十条”。其中，第一条第三点提出：防治畜禽养殖污染。科学划定畜禽养殖禁养区，现有规模化畜禽养殖场(小区)要根据污染防治需要，配套建设粪便污水贮存、处理、利用设施。散养密集区要实行畜禽粪便污水分户收集、集中处理利用。自 2016 年起，新建、改建、扩建规模化畜禽养殖场(小区)要实施雨污分流、粪便污水资源化利用。第九条提出：落实排污单位主体责任。各类排污单位要严格执行环保法律法规和制度，加强污染治理设施建设和运行管理，开展自行监测，落实治污减排、环境风险防范等责任。

该条例从规划、建场审批、配套和责任落实等方面规范了新建、改建、扩建规模化养殖场的流程，是养殖场在新建或改造之前必须学习并参考的条例。

1.2.6 《土壤污染防治行动计划》

2016 年 5 月 28 日，国务院印发了《土壤污染防治行动计划》(国发[2016]31 号)，俗称“土十条”。其中，第六条提出：强化畜禽养殖污染防治。严格规范兽药、饲料添加剂的生产和使用，防止过量使用，促进源头减量。加强畜禽粪便综合利用，在部分生猪大县开展种养业有机结合、循环发展试点。鼓励支持畜禽粪便处理利用设施建设，到 2020 年，规模养殖场、养殖小区配套建设废弃物处理设施比例达到75%以上。

这一条例强调了规范的畜牧生产、粪污综合利用和废弃物设施处理的必要性,并确定了处理的目标,即2020年处理设施比例在75%以上。

1.2.7 《关于加快推进畜禽养殖废弃物资源化利用的意见》

2017年5月31日,国务院办公厅印发了《关于加快推进畜禽养殖废弃物资源化利用的意见》(国办发[2017]48号)。

该意见提出了要实现的主要目标:到2020年,建立科学规范、权责清晰、约束有力的畜禽养殖废弃物资源化利用制度,构建种养循环发展机制,全国畜禽粪污综合利用率达到75%以上,规模养殖场粪污处理设施装备配套率达到95%以上,大型规模养殖场粪污处理设施装备配套率提前一年达到100%。畜牧大县、国家现代农业示范区、农业可持续发展试验示范区和现代农业产业园率先实现上述目标。

该意见还提出要建立健全畜禽养殖废弃物资源化利用制度,严格落实畜禽规模养殖环评制度。完善畜禽养殖污染监管制度,建立属地管理责任制度,落实规模养殖场主体责任制度,健全绩效评价考核制度和构建种养循环发展机制。畜牧大县要科学编制种养循环发展规划,实行以地定畜,促进种养业在布局上相协调,精准规划引导畜牧业发展。

这一条例对于地方管理部门,主要强调了属地管理责任制度。

1.2.8 《畜禽粪污资源化利用行动方案》

2017年7月7日,农业部印发了《畜禽粪污资源化利用行动方案(2017—2020年)》(农牧发[2017]11号)。

该方案提出:坚持保供给与保环境并重,坚持源头减量、过程控制、末端利用的治理路径,以沼气和生物天然气为主要处理方向,以农用有机肥和农村能源为主要利用方向,加强科技支撑,强化装备保障,全面推进畜禽养殖废弃物利用,加快构建种养结合、农牧循环的可持续发展新格局,为全面建成小康社会提供有力保障。

该方案的重点任务即建立健全资源化利用制度、优化畜牧业区域布局、加快畜牧业转型升级、促进畜禽粪污资源化利用、提升种养结合水平、提高沼气和生物天然气利用效率,以期到2020年建立科学规范、权责清晰、约束有力的畜禽养殖废弃物资源化利用制度;构建种养循环发展机制;畜禽粪污资源化利用能力明显提升,全国畜禽粪污综合利用率达到75%以上,规模养殖场粪污处理设施装备配套率达到95%以上,大规模养殖场粪污处理设施装备配套率提前一年达到100%。该方案将全国主要畜禽养殖区划分为7个分区,针对各区气候条件、自然资源、养殖偏好、土地状况等特点,因地制宜地推广不同的资源化利用模式,为各地的监管部门和养殖企业提供了实施思路。

1.2.9 《畜禽规模养殖场粪污资源化利用设施建设规范(试行)》

2018年1月5日,农业部办公厅印发了《畜禽规模养殖场粪污资源化利用设施建设规范(试行)》(农办牧[2018]2号)。

该规范对规模养殖场设施建设的规范性进行了明确,主要内容如下:

①畜禽粪污资源化利用是指在畜禽粪污处理过程中,通过生产沼气、堆肥、沤肥、沼肥、肥水、商品有机肥、垫料、基质等方式进行合理利用。

②畜禽规模养殖场粪污资源化利用应坚持农牧结合、种养平衡,按照资源化、减量化、无害化的原则,对源头减量、过程控制和末端利用各环节进行全程管理,提高粪污综合利用率和设施装备配套率。

③畜禽规模养殖场应根据养殖污染防治要求,建设与养殖规模相配套的粪污资源化利用设施设备,并确保正常运行。畜禽规模养殖场宜采用干清粪工艺。采用水泡粪工艺的,要控制用水量,减少粪污产生总量。鼓励水冲粪工艺改造为干清粪或水泡粪。不同畜种不同清粪工艺最高允许排水量按照《畜禽养殖业污染物排放标准》(GB 18596—2001)执行。

④畜禽规模养殖场应及时对粪污进行收集、贮存,粪污暂存池(场)应满足防渗、防雨、防溢流等要求。固体粪便暂存池(场)的设计按照《畜禽粪便贮存设施设计要求》(GB/T 27622—2011)执行。污水暂存池的设计按照《畜禽养殖污水贮存设施设计要求》(GB/T 26624—2011)执行。

⑤畜禽规模养殖场应建设雨污分离设施,污水宜采用暗沟或管道输送。规模养殖场干清粪或固液分离后的固体粪便可采用堆肥、沤肥、生产垫料等方式进行处理利用。固体粪便堆肥(生产垫料)宜采用条垛式、槽式、发酵仓、强制通风静态垛等好氧工艺或其他适用技术,同时配套必要的混合、输送、搅拌、供氧等设施设备。猪场堆肥设施发酵容积不小于0.002 m^3×发酵周期(d)×设计存栏量(头),其他畜禽按《畜禽养殖业污染物排放标准》(GB 18596—

2001)折算成猪的存栏量计算。

⑥液体或全量粪污通过氧化塘、沉淀池等进行无害化处理的,氧化塘、贮存池容积不小于单位畜禽日粪污产生量(m^3)×贮存周期(d)×设计存栏量(头)。单位畜禽粪污日产生量推荐值为:生猪 0.01 m^3,奶牛 0.045 m^3,肉牛 0.017 m^3,家禽 0.0002 m^3,具体可根据养殖场实际情况核定。

⑦液体或全量粪污采用异位发酵床工艺处理的,每头存栏生猪粪污暂存池容积不小于 0.2 m^3,发酵床建设面积不小于 0.2 m^2,并有防渗防雨功能,配套搅拌设施。

⑧液体或全量粪污采用完全混合式厌氧反应器(CSTR)、上流式厌氧污泥床反应器(UASB)等处理的,配套调节池、厌氧发酵罐、固液分离机、贮气设施、沼渣沼液储存池等设施设备,相关建设要求依据《沼气工程技术规范》(NY/T 1220—2019)执行。利用沼气发电或提纯生物天然气的,根据需要配套沼气发电和沼气提纯等设施设备。

⑨堆肥、沤肥、沼肥、肥水等还田利用的,依据畜禽养殖粪污土地承载力测算技术指南合理确定配套农田面积,并按《畜禽粪便还田技术规范》(GB/T 25246—2010)、《沼肥施用技术规范》(NY/T 2065—2011)执行。

⑩委托第三方处理机构对畜禽粪污代为综合利用和无害化处理的,应依照④规定建设粪污暂存设施,可不自行建设综合利用和无害化处理设施。

⑪固体粪便、污水和沼液贮存设施建设要求按照《畜禽粪便农田利用环境影响评价准则》(GB/T 26622—2011)、《畜禽养殖污水贮存设施设计要求》(GB/T 26624—2011)和《沼气工程沼液沼渣后处理技术规范》(NY/T 2374—2013)执行。

⑫各省(区、市)可参照制定符合本地实际的畜禽规模养殖场粪污资源化利用设施建设规范。第三方处理机构粪污收集、处理和利用相关设施设备要求,参照相关工程技术规范执行。

1.2.10 《种养结合循环农业示范工程建设规划(2017—2020 年)》

2017 年 8 月 9 日,农业部印发了《种养结合循环农业示范工程建设规划(2017—2020 年)》。

该规划的总体思路:围绕种养业发展与资源环境承载力相适应,以及着力解决农村环境脏乱差等突出问题,聚焦畜禽粪便、农作物秸秆等种养业废弃物，按照“以种带养、以养促种”的种养结合循环发展理念，以就地消纳、能量循环、综合利用为主线，以经济、生态和社会效益并重为导向，采取政府支持，企业运营、社会参与、整县推进的运作方式，构建集约化、标准化、组织化、社会化相结合的种养加协调发展模式，探索典型县域种养业废弃物循环利用的综合性整体解决方案，形成县乡村企联动、建管运行结合的长效机制，有效防治农业面源污染，提高农业资源利用效率，推动农业发展方式转变，促进农业可持续发展。

该规划的建设目标：到 2020 年，建成 300 个种养结合循环农业发展示范县，示范县种养业布局更加合理，基本实现作物秸秆、畜禽粪便的综合利用，畜禽粪污综合处理利用率达到 75%以上，秸秆综合利用率达到 90%以上。新增畜禽粪便处理利用能力 2600 万 t，废水处理利用能力 30000 万 t，秸秆综合利用能力 3600 万 t。探索不同地域、不同体量、不同品种的种养结合循环农业典型模式。

1.2.11 《畜禽粪污土地承载力测算技术指南》

农业部于 2018 年 1 月 15 日印发了《畜禽粪污土地承载力测算技术指南》，阐述了种养结合循环农业中畜禽粪污土地承载力的测算方法，并给出了不同植物土地承载力的推荐值，为测算畜禽粪污土地承载力和制定种养结合循环农业发展规划提供了科学依据和重要参数。

该指南规范定义了猪当量，并以此为标准核算单位，规定了畜种间的核算标准。猪当量是指用于衡量畜禽氮(磷)排泄量的度量单位，1 头猪为 1 个猪当量。1 个猪当量的氮排泄量为 11 kg，磷排泄量为 1.65 kg。按存栏量折算：100 头猪相当于 15 头奶牛、30 头肉牛、250 只羊、2500 只家禽。生猪、奶牛、肉牛固体粪便中氮素占氮排泄总量的 50%，磷素占 80%；羊、家禽固体粪便中氮(磷)素占 100%。该指南针对不同植物的土地承载力给出了推荐值，对华中地区而言，几大主要作物的数据摘录如表 1-1 所示。

1.2.12 《病死及病害动物无害化处理技术规范》

农业部于 2017 年 7 月 3 日印发了《病死及病害动物无害化处理技术规范》(农医发[2017]25 号)，替代并废止了《病死动物无害化处理技术规范》(农医发[2013]34 号)。

表 1-1　不同植物土地承载力推荐值(基于氮/磷平衡)

作物种类		目标产量(t/hm²)	土地承载力[猪当量/(亩·当季),基于氮平衡]		土地承载力[猪当量/(亩·当季),基于磷平衡]	
			粪肥全部就地利用	固体粪便堆肥外供+肥水就地利用	粪肥全部就地利用	固体粪便堆肥外供+肥水就地利用
大田作物	水稻	6	1.1	2.3	2.0	5.0
	玉米	6	1.2	2.4	0.8	1.9
	小麦	4.5	1.2	2.3	1.9	4.7
	大豆	3	1.9	3.7	0.9	2.3
	棉花	2.2	2.2	4.4	2.8	7.0
	马铃薯	20	0.9	1.7	0.7	1.8
蔬菜	黄瓜	75	1.8	3.6	2.8	7.0
	番茄	75	2.1	4.2	3.1	7.8
	青椒	45	2.0	3.9	2.0	5.0
	茄子	67.5	2.0	3.9	2.8	7.0
	大白菜	90	1.2	2.3	2.6	6.6
	萝卜	45	1.1	2.2	1.1	2.7
	大蒜	26	1.8	3.7	1.6	4.0
果树	柑橘	22.5	1.2	2.3	1.0	2.6
	梨	22.5	0.9	1.8	2.2	5.4
	葡萄	25	1.6	3.2	5.3	13.3
	桃	30	0.5	1.1	0.4	1.0
经济作物	油料	2.0	1.2	2.5	0.7	1.8
	甘蔗	90	1.4	2.8	0.6	1.5
	甜菜	122	5.0	10.0	3.2	7.9
	茶叶	4.3	2.4	4.7	1.6	3.9
人工草地	苜蓿	20	0.3	0.7	1.7	4.2
	饲用燕麦	4.0	0.9	1.7	1.3	3.3
人工林地	桉树	30m³/hm²	0.9	1.7	4.2	10.4
	杨树	20m³/hm²	0.4	0.9	2.1	5.2

该规范规定了病死及病害动物和相关动物产品无害化处理的处理标准，并对几种典型的处理方法的定义、适用范围、技术工艺和注意事项等进行了详细的指导，还对处理前后的关联过程包括包装、暂存、转运、人员防护和记录等操作提出了规范要求。

1.2.13 《关于进一步明确畜禽粪污还田利用要求强化养殖污染监管的通知》

该通知由农业农村部办公厅、生态环境部办公厅于2020年6月4日发布，是目前最新的有关畜禽养殖粪污资源化利用的政策法规，是对《关于促进畜禽粪污还田利用依法加强养殖污染治理的指导意见》(农办牧〔2019〕84号)的细化和具体化。本法规针对我国目前种养主体分离，种地的不养猪，养猪的不种地，种养不匹配的问题普遍存在，畜禽粪肥还田利用“最后一公里”还没有完全打通的现状，鼓励指导各地加快推进畜禽粪污资源化利用，畅通粪污还田渠道，加快畜禽养殖污染防治从重达标排放向重全量利用转变。

该通知明确了畜禽粪污还田利用作为养殖场户畜禽粪污处理和利用的主要途径，并具体规范了还田或排放的标准，且对养殖场的环评验收程序进行了规范。

该通知规定畜禽粪污作为肥料利用应符合《畜禽粪便无害化处理技术规范》《畜禽粪便还田技术规范》《畜禽粪污土地承载力测算技术指南》的规定。向环境排放的，应符合《畜禽养殖业污染物排放标准》和地方有关排放标准。用于农田灌溉的，应符合《农田灌溉水质标准》(GB 5084—2021)。

同时，该通知也强调了规模养殖场制订畜禽粪肥还田利用计划和建立畜禽粪污处理和粪肥利用台账的重要性，加强日常监测，严防还田环境风险。加快畜禽粪污资源化利用先进技术和装备研发，积极推广全量收集利用畜禽粪污、全量机械化施用等经济高效的粪污资源化利用技术模式。

对于养殖场，根据该通知的相关规定，在变更粪污处理方式后需要重新报批环评。而且，进行环评并不是一劳永逸的，还需要切实履行三大责任：

①粪污收集处理利用和污染防治主体责任，采取措施对畜禽粪污进行科学处理和资源化利用，防止污染环境；

②建设粪污无害化处理和资源化利用设施并确保其正常运行；

③制订粪肥还田利用计划并建立台账。

对于各级农业农村、生态环境部门，应承担的责任包括：

①农业农村部门应加强畜禽粪污还田技术指导和服务，指导建设粪污资源化利用配套设施等；

②农业农村部门应加强技术和装备支撑，包括畜禽粪污全量收集技术与装备，粪污高效输送、施用技术与装备的研发及推广，着力破除粪污资源化利用过程中的技术和成本障碍；

③生态环境部门负责畜禽养殖污染防治的统一监督管理，应依据职责对畜禽养殖污染防治情况进行监督检查，并加强对畜禽养殖环境污染的监测。

总体而言，该法规的核心在于：

①国家鼓励畜禽粪污还田利用，支持养殖场户建设畜禽粪污处理和利用设施；

②粪污还田和达标排放均应符合相关的法律法规和标准；

③农业农村部门负责技术指导、服务和装备支撑，生态环境部门负责监督管理；

④畜禽养殖场户应切实履行粪污收集处理利用和污染防治主体责任，必须制订计划并保障运行。

2 畜禽养殖废弃物资源化处理工艺及配套设施建设与运行要求

畜禽养殖废弃物资源化处理主要包括对养殖粪污的收集以及实现粪污资源化再利用的处理过程，总体原则是处理过程不产生二次污染、处理产物可循环利用、处理成本经济可持续。目前畜禽养殖废弃物资源化处理后的产物主要以肥料、饲料以及栽培基质等形式实现二次利用，其中肥源化利用是最为普遍的利用途径，本章所述粪污处理过程主要是针对肥源化利用而采取的操作。为了更加清晰地阐述不同处理工艺的适用条件和各自的优、缺点，本章将以畜禽品种（猪、鸡、牛）分类概述当前规模化养殖场常见的粪污收集、处理工艺流程，并结合国家的政策法规、标准等文件对粪污资源化利用配套设施的建设和运行管理进行规范。

2.1 猪场粪污的资源化处理

2.1.1 猪场粪污的收集工艺

清粪工艺的不同造成了粪污收集方式的差异。目前规模化养猪场的清粪工艺主要包括水冲粪、水泡粪以及干清粪。

水冲粪是指生猪排出的粪尿与污水混合后一起由漏缝地板进入粪尿沟，而后用水喷头从粪尿沟的一端进行冲洗，粪污水从粪尿沟再进入到粪池内。本方法优点在于能够保持舍内环境清洁，有利于猪群的健康和改善养殖人员的工作条件；缺点在于因每天需要冲洗数次，从而引起耗水量增加、粪污总量增大、固体养分含量降低，导致后续粪污固液分离和生化处理难度加大。因此，本方法应用范围正在逐渐缩小。

水泡粪是向猪舍的粪尿沟中注入水，粪尿以及饲养管理用水都会临时储存在粪尿沟中,一个月左右粪尿沟快装满时打开闸门,排出粪污,粪污再流入粪池内。这种工艺相较于水冲粪更加节水,同时减少了粪污清理过程中的劳动投入。然而,粪尿在猪舍内会存放一段时间,从而发酵产生恶臭气体,影响生猪和饲养管理人员的健康。此外,由于粪污浓度更高,后续的处理工艺更加复杂,一般需要配套专业的粪污处理设施或装备,增加了环保的基建成本。

干清粪是指尿和饲养管理用水通过缝隙进入到尿沟中,而干粪则需要人工或机械进行清除(图 2-1)。这种方法能够初步分离污水和粪便,用水量更少,但是人工清粪在规模化饲养场因劳动强度巨大而难以实现,大型养猪场干清粪只能依靠机械装置,而机械清粪设备购入投资较大。此外,市面上的部分电动清粪机质量和技术不过关,导致使用时故障偏多,维修困难、成本高。

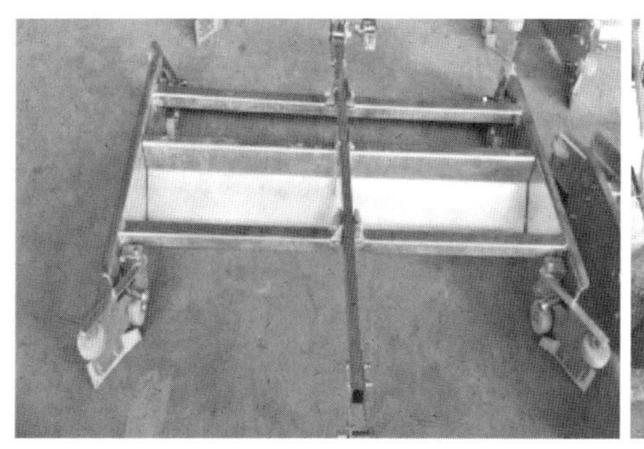

图 2-1　机械刮粪板

粪污收集环节的原则是环保和高效,目的在于减少收集过程中的养分流失、臭气和碳排放。农业农村部畜牧兽医局 2021 年 8 月发布的《规范畜禽粪污处理降低养分损失技术指导意见》指出,采用干清粪工艺的畜禽养殖场户,若原有舍内清粪频率较低,可适当将清粪频率增加 1～2 次/d,减少粪尿在舍内停留时间;采用水泡粪工艺的畜禽养殖场户,选择深坑贮存或浅坑贮存工艺,必要时配置地沟风机,每头育肥猪日均粪污产生总量不超过 0.015 m^3。规模养殖场优先采用干清粪工艺;采用水泡粪工艺的,要控制用水量,减少粪污产生总量。不同畜种不同清粪工艺最高允许排水量按照《畜禽养殖业污染物排放标准》(GB 18596—2001)执行。

畜禽规模养殖场应及时对粪污进行收集、贮存,粪污暂存池(场)应满足防渗、防雨、防溢流等要求。固体粪便暂存池(场)的设计按照《畜禽粪便贮存设施设计要求》(GB/T 27622—2011)执行。污水暂存池的设计按照《畜禽养殖污水贮存设施设计要求》(GB/T 26624—2011)执行。

2.1.2 猪场粪污的资源化处理工艺

目前采用水泡粪或水冲粪收集的粪污,可以经过初步沉淀后全量进入厌氧沼气发酵装置处理,也可以经过专门的固液分离设备实现固液分离,固体粪污进行堆肥发酵生产有机肥,液体粪污进行厌氧、好氧等步骤进行无害化处理以达到资源化利用要求。根据处理工艺的不同,可将现有猪场粪污处理分为以下几种模式:

1.厌氧发酵+能源生态利用模式

厌氧发酵是指在厌氧环境下,利用微生物的单独或者协同作用,将猪粪尿中的有机质(碳水化合物、蛋白质、脂质体和其他大分子化合物)转化成 CH_4、CO_2 和生物质等简单物质的过程。

目前规模化养猪场的厌氧发酵主要通过大中型的沼气工程实现。沼气工程按发酵温度可分为常温(15~25℃)发酵型、中温(30~35℃)发酵型、高温(50~55℃)发酵型;按工程目的可分为能源生态型和能源环保型。

所谓能源生态利用模式,即沼气工程周边的农田、鱼塘、植物塘等能够完全消纳经沼气发酵后的沼渣、沼液,使沼气工程成为生态农业园区的纽带。此模式通过养殖业与种植业的合理配置,避免了后续处理的高额花费,且促进生态农业建设,是一种理想的工艺模式。

厌氧发酵+能源生态利用模式的完整处理流程包括原料收集、预处理、沼气发酵、沼气净化以及沼渣沼液处理。

(1)原料收集和预处理

充足稳定的原料供应是厌氧消化工艺的基础,不少沼气工程因原料来源的变化而被迫停止运转或报废。原料的收集方式又直接影响原料的质量,如一个猪场采用自动化冲洗,其污水总固体浓度一般只有 1.5%~3.5%;若采用粪板刮出,则总固体浓度可达 5%~6%;如手工清运,浓度可达 20%左右。因此,粪污收集方式的不同影响着后续的处理设施、工艺。

根据《沼气工程技术规范 第一部分:工程设计》(NY/T 1220.1—2019)中的要求,厌氧发酵预处理包括水质、水量、温度、酸碱度调节以及固态物质的去除。一般而言,沼气工程预处理包括除杂、调节和预混调配。除杂是指通过格

栅、沉砂池、沉淀池等设施，去除猪粪尿中混杂的沉沙、浮渣等各种杂物（图2-2），便于用泵输送及防止管道堵塞。调节和预混调配是指通过调节池和混合调配池控制进样的水质、水量、温度及 pH 值等，从而保障进料匀速进行，进样水质比较稳定且满足厌氧发酵需求，以提高发酵效果。

图 2-2　小型养猪场的粪尿沉淀池和调节池

（2）厌氧发酵系统

厌氧发酵系统是大中型沼气工程的核心设备，是微生物繁殖，有机物分解转化，沼气生成的重要场所，因此，其结构组成和运行情况是一个沼气工程设计的重点。厌氧发酵系统一般由粪泵、厌氧消化系统、加热器和储气罐等组成。厌氧消化系统主要分为沼气发酵罐和沼气池两类（图 2-3）。

图 2-3　猪场沼气罐和沼气池

沼气发酵罐一般由串联或并联的 2 个以上的封闭罐体组成，目前常见的厌氧发酵工艺有全混合厌氧法（CSTR）、上流式厌氧污泥床法（UASB）。混合式厌氧反应器(图 2-4)是在常规消化器内安装了搅拌装置,使发酵原料和微生物处于完全混合状态。该反应器采用连续恒温、连续投料或半连续投料运行,适用于高浓度及含有大量悬浮固体原料的处理。在该消化器内,新进入的原料由于搅拌作用很快与其内的全部发酵液混合,使发酵底物浓度始终保持相对较低状态,而其排出的料液又与发酵液的底物浓度相等,并且在出料时微生物也一起排出,所以出料浓度一般较高。该消化器是典型的水力滞留期(HRT)、固体滞留期(SRT)和生物滞留期(MRT)完全相等的消化器。与常规消化器相比,活性区遍布整个反应器,其效率比常规消化器有明显提高,故名高速消化器。

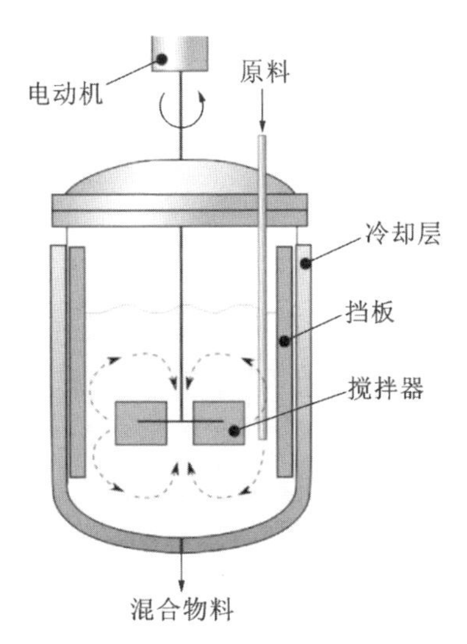

图 2-4　混合式厌氧反应器示意图

混合式厌氧反应器优点如下:

①该工艺可以送入高悬浮固体含量的原料;

②消化器内物料均匀分布,避免了分层状态,增加了底物和微生物接触的机会;

③消化器内温度分布均匀;

④进入消化器内的任何一点抑制物质能够迅速分散,保持最低的浓度水平;

⑤避免了浮渣结壳、堵塞、气体逸出不畅和沟流现象。

混合式厌氧反应器缺点如下:

①由于该消化器无法做到在 SRT 和 MRT 大于 HRT 的情况下运行,因

此消化器体积较大；

②要有足够的搅拌，所以能量消耗较大；

③生产用大型消化器难以做到完全混合；

④底物流出该系统时未完全消化，微生物随出料而流失。

UASB 反应器（图 2-5）采用微生物细胞固定化技术即污泥颗粒化将一个高浓度、高活性的污泥床固定于反应器的中下部，污水自下而上通过 UASB 反应器时，污水中的大部分有机污染物在此间经过厌氧发酵降解为甲烷和二氧化碳。污泥床的固定使水力停留时间和污泥停留时间分离，从而延长了污泥泥龄，保持了高浓度的污泥；颗粒厌氧污泥具有良好的沉降性能和高比产甲烷活性，且相对密度比人工载体小，靠产生的气体来实现污泥与基质的充分接触，节省了搅拌和回流污泥的设备和能耗，也无须附设沉淀分离装置；同时反应器内不需投加填料和载体，提高了容积利用率，避免了堵塞问题，具有能耗低、成本低的特点。

在 UASB 反应器中，由产气和进水均匀分布形成的上升液流和上窜气泡对反应区内的污泥颗粒产生重要的搅拌作用。搅拌作用不仅影响污泥颗粒化进程，同时还对形成的颗粒污泥的质量有很大的影响。这种作用实现了污泥与基质的充分接触。

UASB 反应器中有其独特的重要设备——三相分离器，它可收集从反应区产生的沼气，同时使分离器上的悬浮物沉淀下来，使沉淀性能良好的污泥能保留在反应器内。三相分离器的应用避免了增设沉淀分离装置、脱气装置和回流污泥设备，简化了工艺，节约了投资和运行费用。

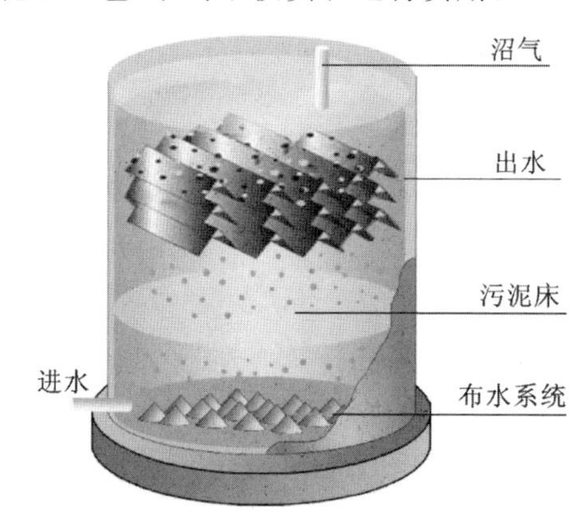

图 2-5　UASB 反应器示意图

UASB 反应器的主要缺点如下：

①进水中悬浮物含量不宜过高，一般需控制在 100 mg/L 以下；

②污泥床内出现短流现象会影响处理能力；

③对水质和负荷突然变化较敏感，耐冲击力稍差。

除了厌氧发酵罐和传统的沼气池外，还有一类可变形伸缩式的沼气发酵装置，其中具有代表性的有红泥沼气池和黑膜沼气池（图 2-6）。红泥沼气池的材质是聚氯乙烯添加红泥成分，是一种改性合金塑料，具有抗紫外线、阻燃、耐候、耐低温等特点。相较于传统的下沉式沼气池和沼气罐而言，它最大的优势是造价更省，缺点是排渣困难、产气效果不佳。

随着国外先进工艺不断引入，近年来泰式黑膜沼气池逐渐在南方养猪场出现，并大面积推广。黑膜沼气池就是一种采用黑色 HDPE 防渗膜将池体底部和顶部密封为一体的具有发酵、贮存气体功能的超大型污水厌氧生物反应器。它的工程造价和运行费用更低，由于黑膜的吸热性和池体顶部隆起的沼气的隔温作用，其保温性能较好，冬季的产气效果也有一定保证。无论是红泥发酵池还是黑膜发酵池，它们建设时对土地面积要求都较高，且如果要沼气发电的话，还须增加防腐防爆增压器。

图 2-6　红泥沼气池和黑膜沼气池

（3）沼渣和沼液的后处理

出料的后处理是大型沼气工程所不可缺少的构成部分。过去有些工程未考虑出料的后处理问题，造成出料的二次污染，对沼气工程的周围环境造成了极大危害，还白白浪费了源源不断的有机肥料资源。

①沼渣沼液的肥源化利用

肥源化利用是沼渣、沼液最简单快捷的后处理方法，即沼液（沼渣）用作肥料施入农田，但是沼液（沼渣）在使用前需要满足无害化要求。同时，针对不同的农作物，沼液（沼渣）的使用量、使用时间以及使用方法存在差异。因此，鼓励在生产中进行测土配方施肥，有机肥和化肥配合使用。相关技术要求可参照《畜禽粪便还田技术规范》（GB/T 25246—2010）。

由于农田对肥料的需求有季节性，在肥料需求淡季，不能保证连续的后处理。因此，应设置适当大小的沼液沼渣贮存池，以调节产肥与用肥的矛盾。沼液沼渣储存池要安全、防渗、防漏，避免沼液泄漏引起地下水（地表水）污染。

储存设施建设的相关标准可参照《沼气工程技术规范 第一部分：工程设计》（NY/T 1220.1—2019）执行。沼液（沼渣）除直接用作肥料外，还可以配合适量化肥做成适用于各种作物或花果的复合肥料，很受市场欢迎，并有较好的经济效益（图 2-7）。

图 2-7 "猪—沼—稻"和"猪—沼—茶"种养循环模式

②沼液深度处理＋循环利用/直接排放

一般情况下发酵完全的沼液能够直接作为液态肥使用。但是当厌氧发酵进样浓度过高、发酵过程控制不当、发酵过程不完全时，容易导致发酵产物浓度过高。这种情况下沼液中的氨氮和化学需氧量通常偏高，直接使用可能会对农作物造成毒害作用。我国也明确规定了规模化养殖场水污染物的最高允许日均排放浓度，详见《畜禽养殖业污染物排放标准》（GB 18596—2001），超标排放将会受到行政处罚。因此，高浓度的沼液需要进一步深度处理。常见的方法有物理化学法、生物处理法、自然生态处置法等。深度处理后的水可达标排放或循环利用。

a. 物理化学法

借助物化反应，将废水中的污染物降解转化成其他没有污染和危害的物质，达到去除污染物的方法称之为物理化学法。主要包括絮凝法、吹脱法、磷酸铵镁沉淀法（MAP法）和电化学法等（表2-1）。不同方法所涉及的工艺原理不同，去除的目标污染物也不尽相同，可单独或联合使用。通过物理化学法处理后，废水中的悬浮物和COD浓度能下降30%～40%。同时考虑到氨氮对微生物的毒害抑制作用，目前直接利用生物处理法处理高氨氮废水的可行性还有待进一步研究，因此，可将物理化学法作为生物处理法的预处理步骤。

表2-1 常见物理化学法处理污水的优缺点

工艺	优点	缺点
絮凝法	处理范围广、费用低	需后续处理
吹脱法	流程简单、处理成本低、效果稳定	只适合于挥发性污染物清除，后续有害气体需要吸收
MAP法	操作简便，反应快，影响因素少，能充分回收氨，实现废水资源化	沉淀药剂用量较大，从而致使处理成本较高
电化学法	无须添加氧化还原剂，反应条件温和，管理简单，处理装置占地面积小	处理大量废水时电耗和电极金属的消耗量较大，分离出的沉淀物质不易处理利用

b.生物处理法

生物处理法主要是利用微生物（细菌、微藻等）净化沼液中的氮、磷等有机物，生物处理法的特点是经济、环保，同时此种方法也是目前污水处理的常用工艺。生物处理法又分为好氧生物处理和厌氧生物处理，基本原理就是微生物将沼液中的大分子有机物降解为小分子物质，在好氧条件下将其分解成二氧化碳和水，在厌氧条件下污染物最终被分解为CH_4、CO_2、H_2S、N_2、H_2和H_2O，以及有机酸和醇等。

好氧生物法是指在有氧环境中，好氧微生物将废水中的污染物降解转化成其他没有污染和危害的物质，达到去除污染物的方法。传统意义上将好氧生物处理法分为活性污泥法和生物膜法两类。

活性污泥法是在人工充氧条件下，对污水和各种微生物群体进行连续混合培养，因好氧微生物繁殖而形成污泥状絮凝物（活性污泥）。其上栖息着以菌胶团为主的微生物群，具有很强的吸附与氧化有机物的能力。利用活性污泥的生物凝聚、吸附和氧化作用，以分解去除污水中的有机污染物。然后使污泥与水分离，大部分污泥再回流到曝气池，多余部分则排出活性污泥系统。常见的工艺如 SBR 法(序批式活性污泥法)。

生物膜法属于生物附着污水处理系统，它利用生物填料来固定微生物。与活性污泥技术相比，生物膜法的特点有：能较好地迎合水的变化；适合低浓度污水处理；剩余污泥产量较少。

生物膜法的主要缺点是填料的成本增加了工程建设投资，特别是在对较大规模的工程处理上，填料投资占较大比例，除此之外还包括填料的周期性更新费用。

对于猪场粪污废水，好氧生物处理可作为厌氧处理的后续处理工艺。目前，好氧生物处理大多采用氧化沟及间歇式活性污泥法等。此外，由于猪场粪污废水有机物浓度高，处理难度大，只采用一级好氧的方式一般很难处理达标，需考虑多级串联方式，如结合水解酸化池和三级接触氧化工艺等(图 2-8)。

图 2-8　武汉中粮公司某猪场多级好氧池

c. 自然生态处置法

自然生态处置法是通过天然水体和土壤的自净能力，对猪场粪污废水的污染物进行去除。这种技术又可以细分为稳定塘系统和土地处理系统，即“水—水生生物系统”和“土壤—微生物—植物系统”。自然生态处置法能够充分利用自然界的固有机制，不需要额外消耗能源，也不会产生污泥，十分符合生态学原理。但自然生态对废水的承载能力有限，不太适用于高浓度废水的直接处理，一般作为生物处理法的后续深度处理工艺。常见的自然生态处理系统包括氧化塘和人工湿地等。

氧化塘(图 2-9)结构简单、造价低，利于废水综合利用，但易受土地资源的限制。在用地紧张的地区推广较难，并且受光照、温度影响大，容易滋生蚊虫，引起周围大气污染（产生大量的恶臭气体）。其原理是：在氧化塘中养殖一定量的藻类，塘中的好氧细菌利用藻类的光合作用产生的氧气生存，并分解塘中的有机物，起到很好的脱氮除磷作用。

图 2-9　氧化塘

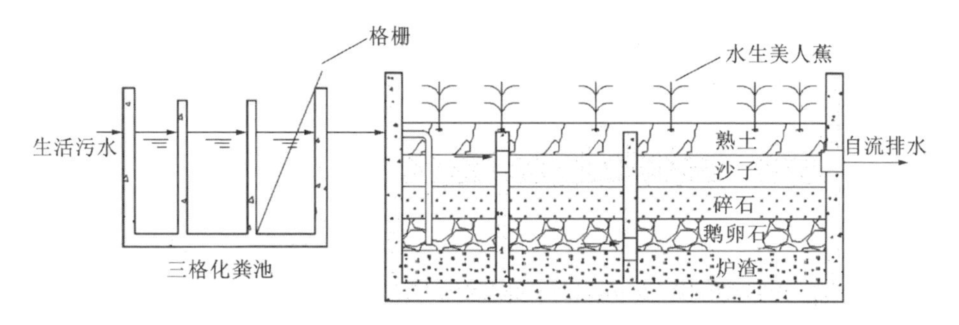

图 2-10　人工湿地处理工艺

人工湿地（图 2-10）是指人工设计一定面积的湿地，在其中种植一定量的水生植物和人工添加部分微生物，使其与污水共同作用，起到净化污水的目的。该处理方法投入资金少，维护保养少，但要有足够的环境条件，比如要有足够的闲置土地用于开发人工湿地，且周边水土流失（包括下渗和蒸发）不会导致湿地水体中物质浓度快速升高。

（4）沼气的净化、储存和输配

发酵时会有水分蒸发混入沼气中，而微生物对蛋白质的分解、硫酸盐的还原作用会有一定量硫化氢（H_2S）气体生成并进入沼气。水的冷凝会造成管路堵塞，有时气体流量计中也充满了水。H_2S 是一种腐蚀性很强的气体，它可引起管道及仪表的快速腐蚀。H_2S 本身及燃烧时生成的 SO_2、H_2SO_3、H_2SO_4

对人体都有毒害作用。

大中型沼气工程，特别是用来进行集中供气的工程必须设法脱除沼气中的水和 H_2S。中温 35℃运行的沼气池，沼气中的含水量为 40 g/m^3，冷却到20℃时，沼气中的含水量只有 19 g/m^3，也就是说每立方米沼气在从 35℃降温到 20℃的过程中会有 21 g 冷凝水。脱水通常采用脱水装置进行。沼气中的 H_2S 含量在 1～12 g/m^3 之间，蛋白质或硫酸盐含量高的原料，发酵时沼气中的 H_2S 含量就较高。根据城市煤气标准，煤气中 H_2S 量不得超过 20 mg/m^3。通常采用脱硫塔，内装脱硫剂进行脱硫。

因脱硫剂使用一定时间后需要再生或更换，所以脱硫塔最少要有两个，以轮流使用(图 2-11)。

图 2-11　沼气脱硫塔和沼气发电机组

沼气的输配是指将沼气输送分配至各用气户(点),输送距离可达数千米。输送管道通常采用金属管浮子流量计,近年来工程也采用高压聚乙烯塑料管、PE管、PPR管等作为输气管。用塑料管输气避免了金属管浮子流量计的易锈蚀等问题。气体输送所需的压力通常依靠沼气产生池或储气柜所提供的压力即可满足,远距离输送可采用增压措施。

2.异位发酵床+生态循环利用模式

异位发酵床技术(图2-12)是指在猪舍外建设生物发酵床,经过管道将粪污收集至储粪池,定期将猪粪均匀泵入发酵床中,并与木屑、秸秆等垫料及专用菌种混合后,在适宜的温度、湿度、pH值条件下将猪粪降解,从而实现养殖粪污零污染、零排放。它其实是在原位发酵床基础上改进的模式,克服了原位发酵床养猪,猪接触粪污容易感染寄生虫和病菌的问题。

图2-12 猪场异位发酵床

另外,猪场异位发酵床技术,通过污泥泵把粪污抽到发酵槽中,再用翻料机使粪污和垫料混合均匀,快速发酵分解,每次的进污量可以人工控制,垫料不断翻耕疏松,不会板结“死床”,不会发霉,相比于原位发酵床人工翻动垫料,节省了大量的劳力。经过发酵后的粪污连同垫料一起可以作为生产有机肥的原料,达到资源变废为宝的目的。

①发酵床的建设标准

发酵床面积按每头猪不小于0.25 m^2 建设,可根据自己的存栏数计算所需发酵床面积。例如，一个存栏1000头的猪场需要250 m^3 的垫料，一般发酵床的深度为0.8～1.6 m。

②建设发酵床的条件

a. 地址应选在地势较高处，不易形成积水；

b. 靠近猪舍蓄粪池，便于将粪水输入发酵床使用；

c. 猪舍必须做到雨污分离，明沟排水，暗管排污；

d. 猪舍必须实行干清粪，严禁用水冲栏和淋水降温，含水量不能超过60%。

③垫料铺设的要求

a. 垫料构成：1 t垫料铺设7 m^3 发酵床（前期谷壳和锯末比例为6∶4），以发酵床5.25 m×25 m×1 m为例，就是100 m^2 发酵床面积铺设70 m^3 垫料，需要10 t垫料（谷壳6 t，锯末4 t）均匀铺撒在发酵池内。

b. 菌种投入：华中农业大学菌种参考标准是1 m^2 垫料需投入菌种80 g（或更多），2个月视发酵床情况添加菌种作为强化，1 m^2 垫料需投入菌种20 g。

c. 注意事项：铺设垫料时要将大块木屑除去；垫料铺设高度与翻耙机轴平齐；发酵床的初始端和尾端应留出一定的缓冲距离，确保翻抛机翻抛时垫料有足够的置换空间。为防止底部板结，增强透气性，底部应先铺上20 cm谷壳，上部再均匀铺设锯末和谷壳，切忌在底部先放锯末。

有关发酵床建设和运行的详细要求可参照地方标准《异位发酵床处理猪场粪水技术规范》（DB37/T 3932—2020）中的规定。

2.2 鸡场粪污的资源化处理

鸡的消化道短，消化利用率仅为30%，大多数摄入的营养物质未被吸收即排出体外，鸡粪中含钾0.82%，氮素1.63%，磷1.54%，1 t鸡粪相当于81.5 kg硫酸铵、85.6 kg过磷酸钙和17 kg硫酸钾，可以作为一种很好的农用肥料。同样由于鸡粪中含有丰富有机物，鸡粪易在微生物作用下分解产生有臭味的化合物，主要包括氮化物（氨气、甲胺）、脂肪族化合物（吲哚、丙烯醛和粪臭素等）、硫化物（硫化氢、甲基硫醇）等。而且，鸡粪便中含有大量病原微生物、寄生虫卵以及滋生的蚊蝇，已患病或隐性带病的家禽会排出多种病菌和寄生虫卵。病菌类常见的有沙门氏菌、鸡金黄色葡萄球菌、大肠杆菌，病毒类常见的有鸡传染性支气管炎、禽流感和马立克氏病病毒，寄生虫卵有蛔虫卵和球虫卵等。鉴于鸡粪的如上性质及特点，需要有针对性地进行收集、处理和应用。

2.2.1 鸡粪的收集工艺

当前规模化蛋鸡场的清粪工艺一般为机械干清粪，而肉鸡场则主要为机械干清粪和垫草垫料收集。

机械干清粪主要通过刮粪板或传送带将鸡粪从养殖舍内清出。当前规模化养鸡场更多的是采用传送带清粪，而刮粪板逐渐被淘汰。这是因为刮粪板清粪工作效率较低，刮板每分钟行走 2～3 m，而传送带每分钟走 8～10 m。同时，当粪沟中的鸡粪过细或羽毛较多时，刮粪板无法完全清理干净，残留的鸡粪在鸡舍内发酵导致舍内空气质量变差，影响鸡群和饲养人员的健康。

刮板将鸡粪刮到鸡舍的一端，用螺旋输送器运出舍外，每昼夜可刮 2～5 次。采用这种方式要注意不锈钢刮粪机各部位的保养与维修，特别是钢丝绳很容易腐蚀，要经常检查。如果用圆钢代替部分钢丝绳，可以解决鸡粪对钢丝绳的腐蚀问题，使用效果也很好。

传送带清粪，主要用于多层垂直笼养的鸡舍，每层笼下都有一套传送带（图 2-13）。传送带的材质一般为尼龙帆布或橡胶制品，要求有一定的强度与韧度，不吸水、不变形。一般育雏室采用长 65.2 m，宽 0.98 m 的传送带，每分钟走 8～10 m。在传送带的末端固定一块刮板，将粪便刮掉，用横向螺旋清粪器把粪便输送到贮粪池中去。采用这种方式清粪要注意选材与安装以防止传送带的变形与跑偏现象，且需要定期检查并及时更换相关配件。

图 2-13　层叠式鸡舍和传送带清粪

垫草垫料主要是针对肉鸡的地面平养养殖模式，这种养殖模式不仅简便易行、设备投资少，而且能减少胸囊肿的发生，但其缺点是对球虫病较难控制，药品和饲料费用增加。

选择垫料应以来源方便为主要原则，常用的有稻壳、刨花、锯末、甘蔗渣等。不要使用硬压刨花，因其易碎裂成尖片，鸡吞食后嗉囊和肌胃易被刺穿。不论选择何种垫料，都必须满足新鲜、无灰尘、无真菌、吸水力强等要求。

垫料厚度以10～15 cm为宜，长度以10 cm以内为好。注意垫平，厚度一致。垫料应保持有20%～25%的含水量。垫料含水量低于20%时，其中的灰尘就会成为影响鸡群健康的一个严重问题；高于25%时，垫料就会潮湿结块。对于已潮湿结块的垫料，须用新垫料全部更换，且铺垫到原来厚度。

经常抖动垫料，使鸡粪落到垫料下面。水槽（饮水器）及料槽（桶）周围的潮湿垫料要及时更换。饲养后期，必要时应在原有垫料上面加铺一层垫料。

除了上述两种清粪工艺外，现在还有少数鸡场沿用人工干清粪或周期集中清粪的方式，但随着劳动力成本上升和养殖装备的升级，这两种方式正在逐渐被淘汰。

2.2.2 鸡粪的资源化处理工艺

1.堆肥发酵

鸡粪在经过干清粪收集之后主要通过堆肥发酵实现无害化，这种方式生产工艺相对简单，发酵温度高，能杀灭病原微生物，且堆肥产物干燥易运输。将养殖和种植结合，既消除了粪便污染，又减少了化肥的使用量，是一种生态友好的循环利用模式，也是国家现在重点推广的粪污资源化利用模式。

(1)堆肥发酵的种类

堆肥发酵又分为自然发酵堆肥和集中生产有机肥的好氧堆肥。

自然堆肥一般在个体散户养鸡场以及林下散养条件下存在，自然堆肥没有添加辅助发酵物，堆肥时间长、臭气产生多、丢弃率高。而集中好氧堆肥一般需要添加辅助发酵菌剂并配套相应堆肥设施、设备，分为槽式堆肥（图2-14）、条垛式堆肥、筒仓式堆肥等。

槽式堆肥发酵是目前处理鸡粪最有效的方法，也适合鸡粪有机肥商品化生产。它利用生物学特性结合机械化技术，利用微生物将鸡粪完全腐熟，转化为有机质、二氧化碳与水。优点是发酵时间短，易工厂化规模生产，不受天气、

图 2-14 槽式堆肥

季节影响，对环境造成的污染小。发酵槽要求：宽度为 6 m，深度为 1.5 m，长度在 50～100 m。

条垛式堆肥发酵（图 2-15）是将物料铺开成行，在露天或棚架或覆膜下堆放，每排物料宽 4～6 m、高 2 m 左右，长度根据实际情况而定，物料堆下面可装通气管道，也可不装通气设施。特点：可将物料放置在离农田较近的地方，可以不要专用的厂房，但处理时间比较长。如果采用露天的方式，受天气、季节影响比较大。

图 2-15 改进的覆膜条垛式堆肥

筒仓式堆肥（图 2-16）是一种新型的好氧堆肥方式，是将鸡粪堆在筒仓式发酵罐中，通过控制温度、通风量使鸡粪快速堆肥发酵的工艺。此方式发酵快，但造价高，1 个发酵罐 60 万～90 万元（10 万只蛋鸡），电费一年约 12 万元。

（2）堆肥发酵的条件控制

图 2-16　自动通气式堆肥筒仓

堆肥发酵的参数如表 2-2 所示。

表 2-2　堆肥发酵应具备的基本条件

序号	项目	允许范围
1	起始含水量(%)	40%～60%
2	碳氮比(C/N)	20∶1～30∶1
3	pH 值	6.5～8.5
4	发酵温度	55～65℃，且持续 5 d 以上，最高温度不高于 75℃
5	氧气浓度	不低于 10%

①堆肥水分控制

堆肥物料水分含量直接影响着好氧堆肥质量和效率。堆肥中水的作用主要为溶解有机物，参与微生物的新陈代谢和调节堆肥温度。一般认为堆肥初始含水量在 50%～60%较适宜。当含水量低于 40%时，微生物的代谢活动会受到抑制，堆肥将由好氧向厌氧转化，尤其当含水量低于 15%时，菌体代谢活动会普遍停止；当含水量超过 70%时，物料空隙率低而导致空气不足，不利于好氧微生物生长，减慢降解速度，延长堆腐时间，并产生 H_2S 等恶臭有毒气体。初始堆料的最佳含水率为 50%～65%，根据粪便种类及含水量的不同而进行适当调节。若含水量过高，则需要加入吸湿性强的调节料以降低混合堆料的水分含量。

②发酵温度控制

温度是堆肥正常发酵的另一重要条件，温度控制就是要保持堆体顺利升温、维持适当温度。不同种类微生物的生长对温度的要求不同，嗜温菌的最适温度是30～40℃，嗜热菌的最适温度是45～60℃，高温堆肥的温度最好控制在55～65℃，超过65℃就会对微生物的生长产生抑制。堆肥化是一个放热过程，若不加以控制，温度可达75～80℃，温度过高会过度消耗有机质，并降低堆肥产品质量。根据卫生学要求，堆肥温度至少要达到55℃并保持5 d以上才能保证杀灭堆层中的大肠杆菌及病原菌。生产实践中常采用翻堆或强制通风办法控制温度。

③碳氮比调节

碳氮比(C/N)是指堆肥原料与填充料混合物的总碳(C)与总氮(N)的比值。碳源是微生物利用的能源，氮源是微生物的营养物质，在堆肥过程中，碳源被消耗，转化成二氧化碳和腐殖质物质，而氮则以氨气、氮气、氮氧化物等形式散失，或变为硝酸盐和亚硝酸盐，或由生物体同化吸收。因此，碳和氮的变化是堆肥的基本特征之一。由于微生物的C/N范围为4～30，因此用作供其营养的有机物碳氮比最好也在此范围内，C/N过高或过低都不利于嗜氧菌的生长和繁殖，堆肥过程中适宜的C/N为20∶1～30∶1。在C/N不合适时，可通过添加秸秆或锯末提高碳的含量，或通过添加尿素提高氮的含量。

④通风调节

通风也是好氧堆肥的关键性因素之一，其主要作用是提供好氧微生物生长和繁殖所必需的氧气，且可通过供气量的控制而去除堆料中多余的水分，此外，还能调节堆体温度以减少恶臭产生。研究表明，堆料中氧含量为10%时，就可满足微生物代谢的需要。可适时采用翻堆方式通风或采用机械通风装置换气，调节堆肥物料的氧气浓度和温度，同时应注意保持堆体松紧适度以确保物料间有一定的空隙以利通气。

⑤pH值调节

pH值是微生物生长的重要因素之一，一般堆肥中微生物最适宜的酸碱环境是中性或弱碱性，pH值太高或太低都会影响堆肥发酵效果。许多研究者提出，pH值可以作为评价堆肥腐熟程度的一个指标。堆肥或发酵初期，堆肥为弱酸到中性，pH值一般为6.5～7.5；腐熟的堆肥一般呈弱碱性，pH值在

8～9左右。但是，pH值亦受堆肥原料和条件的影响，只能辅助判断堆肥腐熟程度，而不能作为直接判断标准。在实际生产中，如果原料pH值过低，为了调节原料的pH值，可向堆料中添加生石灰或碳酸钙；相反，如果pH值过高，可加入新鲜绿肥或青草，以利用它们分解产生的有机酸将pH值调解至合适水平。一般情况下，堆体自身有足够的缓冲能力，使pH值稳定在可以保证好氧分解的酸碱度水平。

(3)堆肥发酵完成的判断标准

评判堆肥是否完成主要依据以下几点：

①物理评判标准

发酵腐熟后，堆体体积减小1/3～1/2，发酵温度降低到40℃以下，发酵产物团粒疏松，质地均匀，颜色呈深褐色，无臭味，有较明显的腐殖气息，不吸引蚊蝇，放置一两天后表面有白色或灰色的真菌出现。

②化学评判标准

发酵产物的pH值在7.0～8.5之间，碳氮比(C/N)不大于20∶1；腐熟度应大于或等于Ⅳ级；氮、磷、钾总有效养分≥5.0%，有机质≥45%，水分≤30%；符合《粪便无害化卫生要求》(GB 7959—2012)的规定，蛔虫卵死亡95%～100%，粪大肠杆菌值1/100～1/10，有效控制苍蝇滋生，堆肥周围没有活的蛆、蛹或新羽化的成蝇。

③生物评判标准

植物种子发芽指数(GI)是判断堆肥的植物毒性和腐熟度最具说服力的参数之一。一般种子发芽率GI≥50%表示有机肥基本腐熟，GI≥85%表示已经完全腐熟。

2.干燥处理工艺

(1)自然干燥法

小型鸡场多用此法。将鸡粪单独或混入适量米糠或麦麸，摊晒在水泥地面上，利用阳光晒干。晒干后装入塑料袋，存放于干燥处待用。

(2)塑料大棚自然干燥法

本法由日本创造，其基本设施包括长45 m，宽4.5 m的大棚，棚内设有两条铁轨，上面装有可移动的带有风扇的干燥搅拌机。在使用时，将鸡粪运入大棚内，平铺于水泥等地面上；干燥搅拌机进行搅拌，来回作业，当鸡粪干燥好时就会停止工作。此法具有不受外界天气影响且节能的优点。

(3)快速高温干燥法

发达国家多用此法。干燥机多为回转式滚筒，在500～550℃高温下处理约12 s可将鸡粪中的水分降至13%以下。本法能充分保留鸡粪中的养分，又能很好地除臭、灭菌。这一干燥法又包括烘干箱干燥法和高频电流干燥法。此方法虽然方便、快捷，然而其耗能高，在能源紧张的情况下不宜推广。

3. 几种典型饲养模式下的鸡粪处理工艺

(1)生态散养模式

除了上述几种主流的鸡粪资源化处理工艺外，当前随着畜禽产品的消费需求升级，生态养殖供应的鸡肉、蛋品更加受到消费者的青睐，价格也更具优势。目前常见的生态养鸡模式主要有果园放养、林下散养(图2-17)、山沟和滩涂放养等类型。这些模式下鸡群的活动范围广，鸡粪直接排入自然环境中，集中收集和处理的难度大。鸡粪一般都能通过自然界的自发物质循环流动得以消纳降解，自然界中土壤、微生物以及植被会对鸡粪中的有机物进行降解和利用，达到粪便资源化处理的目的。

图2-17　林下散养模式

在冬季温度较低、植被较少时，可以额外在放牧环境中使用一些加速粪便分解的微生物菌剂(纤维素分解菌、蛋白质分解菌等)或者将鸡粪集中收集后再进行人工堆肥处理。对于散养模式而言，合适规模的鸡群配套适当面积的土地放牧尤为关键，在有条件的地区推荐采用分区轮流放牧这种鸡群管理模式。它是在放牧养鸡的区域内将放牧场地划分为4～7个小区，每个小区之间用尼龙网隔开，先在第一个小区放牧鸡群，2 d后转入第二个小区放养，依此

类推。这种模式可以让每个放养小区的植被有一定的恢复期，又能避免鸡粪长期在固定区域堆积造成土壤富营养化、微生物菌群破坏等问题。

目前已经有不少地区针对生态养鸡模式出台了技术规范加以指引，例如湖北省畜牧兽医局、湖北省畜牧技术推广总站、华中农业大学、湖北省农业科学院畜牧兽医研究所等多家单位联合研制推出的适宜湖北省地域特征的“553”生态鸡标准化养殖模式。“553”模式是指按照667 m^2 地饲养数量不大于50只，一群鸡数量不大于500只，鸡群更新日龄300 d左右进行生产。

(2)原位发酵床养殖模式

原位发酵床养殖绝大多数应用在肉鸡养殖过程中，是以刨花、锯末等富含粗纤维物质为垫料，混合专用菌种的原位发酵床饲养优质肉鸡的一项技术。这种养殖模式下，鸡产生的粪便直接在垫料上发酵，这一处理过程与堆肥类似，但不完全相同。相同之处在于处理过程中都有微生物的参与，不同之处在于堆肥只需要将粪便无害化为可利用的肥料，而原位发酵床的主要目的是通过对粪便的及时处理保证鸡舍内环境卫生、鸡群健康生长，因此原位发酵床使用过程中要经常关注舍内鸡的生长状况和温湿度。

原位发酵床的优点是养殖过程中利用微生物发酵作用和鸡啄食翻耙(图2-18)，对鸡粪进行降解，转化为无臭无害的物质和菌体蛋白。这一方法减少了鸡舍的有害气体，对鸡场周边环境实现了零排放。节能方面，节约了鸡舍用水;劳动力方面，采用发酵床养鸡后，不需要经常清理鸡粪和冲洗鸡舍，传统养殖3 d就需清理1次鸡粪，使用发酵床养殖7 d才用翻动1次，大大减少了劳动量，提高了工作效率。此外，鸡啄食垫料中菌体蛋白，改善了肠道微环境，提高饲料转化率，同时鸡抗病力增强，发病率降低，用药相应减少。一次垫料可以用两年，鸡出栏后清除后的垫料可用于生产优质有机肥，实现了粪污的零排放。

图2-18 发酵床养鸡

下面以新型原位发酵床为例，简要介绍发酵床的建设以及管理要求。

第一步，垫料的准备。建议选择无毒的细锯末和刨花各50%的比例，不建议添加谷壳，传统发酵床中有谷壳成分，但由于很多谷壳脱粒不完全，里面还有少量谷粒，很容易发生霉变，鸡喜欢刨料，容易将垫料中发霉的谷粒吃掉而引发真菌中毒。具体操作是，将细锯末和刨花混合均匀备用。将发酵专用培养基、菌种和红糖，用温水溶解完全，室温下密闭放置24 h，将菌种激活，之后喷入垫料中，再次搅拌均匀。将鸡舍地面打扫干净，铺上已喷入菌种的发酵床垫料，冬季厚度以20 cm左右为宜，夏季以15 cm为宜，一定要铺设均匀，稍微翻动一下即可满足进鸡需求。

第二步，进鸡后的管理。发酵床铺设好后就可以引入鸡，无需二次活化菌种，垫料也无须经常翻动，因为每天鸡会在上面活动，对垫料都有翻动作用。某些出现板结区域或鸡活动少的区域可以定期人工翻动一下，以确保发酵菌种的活性。通常情况下，垫料的含水量以控制在35%左右为宜，湿度过大垫料很容易出现板结，不利于床体的透气，可通过加强通风调节；而湿度过低时，益生菌会出现死亡现象，还不利于粪便的发酵和分解，一般湿度控制的范围为30%～40%。当环境湿度过低时，可对床表面进行喷雾补水。在炎热的夏季要谨防湿度不合适，防止出现鸡群中暑。

若鸡场养殖密度过大，则因鸡群每日排粪量较多而超出益生菌的分解能力，当鸡舍中臭味明显加重时，需补充益生菌种，必要时减小饲养密度，以1.5 kg左右的鸡为例，建议饲养6～8只/m^2为宜。在鸡群出栏后，进入新的鸡群前，应对发酵床进行消毒处理，临床常用消毒剂有氯制剂、碘制剂、表面活性剂类、酸碱类、醇类、过氧化物类等，这些都被广泛应用于养殖生产中。

2.3 牛场粪污的资源化处理

我国养牛产业经过多年的快速发展，取得了令人瞩目的成绩，养牛业规模化、集约化的迅速发展在提高人民生活水平的同时也给环境保护带来巨大的压力。据测算，一头400 kg的肉牛每天的粪污排泄量约是25 kg，而每头奶牛每天平均产生粪污量在50 kg左右，每年牛场的粪污产生量巨大。粪便的堆积会使堆积点及附近土壤中的重金属、氮、磷、钾积累过多，并会使氮和磷渗入地下，引起地下水的污染（引起地下水中的硝酸盐、亚硝酸盐和磷酸盐浓度升高)。因此,如何有效管理牛场的粪污是十分关键和迫切需要解决的问题。

2.3.1 牛场粪污的收集

规模化养殖场粪污收集方式一般有干清粪工艺和水冲粪工艺。干清粪工艺是将粪便单独清出,不与尿、污水混合排出。这种工艺固态粪便含水量低,粪中营养成分损失小,肥料价值高,便于堆肥和其他方式处理。干清粪可以通过人工清粪或半机械清粪、电动刮粪板清粪等方式清出舍外,运至堆粪场;尿液和污水经排尿沟进入污水贮存池。

水冲粪工艺具有设备简单、效率高、故障少、有利于舍内卫生等优点,但是用水量大,后期粪污处理工程量大。干清粪工艺中,固体粪便经清理后直接输送至堆肥发酵车间进行好氧堆肥处理,加工成有机肥。液体粪污(含尿液和冲洗液)输送至贮存池进行稳定、沉淀后,再进行土地利用或进一步加工成高端液肥。

2.3.2 牛场粪污的资源化处理工艺

1. 堆肥发酵+厌氧-好氧

这类型的工艺主要适用于以干清粪方式收集的粪便和污水。对于固体粪便,采用堆肥的方式处理。牛粪便中含有大量有机成分(如粗蛋白、粗脂肪、粗纤维和无氮浸出物),可与杂草等有机物混合、堆积,控制好湿度(常为55%)和发酵环境(有氧),微生物在大量繁殖的同时会将其中的有机物分解成无臭味、完全腐熟的有机物。牛粪堆肥过程中的温度较高,可以杀死牛粪中部分有害微生物和寄生虫卵,达到无害化处理牛粪的目的,有效解决奶牛场牛粪污染问题。

牛粪堆肥与鸡粪堆肥类似,也主要有三大类,即条垛式堆肥、槽式堆肥和仓式堆肥,具体的堆肥控制要求也参照前文鸡粪堆肥中所述。

收集的液体部分采用厌氧发酵和好氧处理相结合的方法,可以分两级反应进行。如厌氧发酵采用沼气池(罐)发酵,而后再对沼液进行好氧处理(氧化塘、活性污泥法、人工湿地法等),所需处理工艺与前文所述猪场污水处理工艺类似。此外,也可以将厌氧和好氧处理过程组合,如采用循环式活性污泥法(CAST)。CAST工艺集反应、沉淀、排水、功能于一体,污染物的降解在时间上是一个推流过程,而微生物则处于好氧、缺氧、厌氧周期性变化之中,从而达到对污染物的去除作用,同时还具有较好的脱氮、除磷功能,但是这种类型的工艺需要配套专门的污水处理设备,对自动控制要求较高,投资成本高,在大体量的牛场污水处理时不太适合。

2.床场一体化处理

床场一体化是将牛舍卧床和运动场统一规划的建筑模式,其核心是综合利用微生物学、生态学、发酵工程学原理,将具有酶活性功能的微生物菌种作为物质能量"转换中枢",以发酵床为载体,采用厚垫料方式,通过有益微生物发酵使排泄物转化为可利用能源的一种生态养殖技术。

床场一体化通过微生物发酵的原理,利用专门的菌剂配方,采用原位发酵或异位发酵等方法,对粪污进行无害化处理。经过处理后的牛粪臭味减少或消失,无蚊蝇,形态松软,并且可以明显减少其他微生物的滋生,按一定比例混合稻壳等将非常适合用作牛床垫料。设置了防雨设施,开设沟槽、收集雨污,实现雨污、粪污分离处理。因此,在床场一体化的饲养模式下,通过结合微生物发酵将会形成良性循环,从而对牛场粪污污染实现有效控制。

牛的床场一体化设计的主要部分是采用运动场和卧床一体式的设计。在建设过程中,只需保持地面平整,不需进行水泥加固。四周设置围栏,水槽和料槽设置于卧床外。在舍内铺设1条宽约5 m的饲喂通道以供机械投料运行使用。牛舍部分可增设雨棚,使雨污分离。垫料铺设厚度为70～80 cm,不影响牛的正常活动。床场一体化牛舍建造完成后,在牛舍内每隔一段距离安设1个风扇,用以通风和保持卧床的干燥性。

发酵卧床制作需要挑选成本低、来源广、透气性强等特点的垫料(图2-19),以便于菌种生长,发挥生物作用。选择合适的垫料后,将菌种和载体(如米糠、锯末等)与营养液混匀,控制其含水量在60%以下,温度控制在60～70℃,即可以高温遏制病原微生物生长,且不对菌种造成影响。

3.固液分离+堆肥发酵+厌氧-好氧

这种模式主要是针对以水冲粪工艺收集得到的固液混合粪污,固液分离步骤能使干物质与污水分开,最大限度地保存粪的肥效,减少污水量并降低污水中污染物的浓度,降低废水处理难度及成本。分离后的固体进行堆肥发酵处理,而液体部分则进行厌氧-好氧联合处理。

固液分离可以采用三级沉淀法或固液分离机分离法,固液分离机可分为

图 2-19　牛场垫料

离心式分离机、压滤式分离机、筛网式分离机，其中卧式螺旋沉降离心机和螺旋挤压固液分离机在养殖场畜禽粪便固液分离处理过程中使用较为广泛。

4.其他粪污资源化处理工艺

(1)干燥法

牛粪的干燥处理包括自然干燥、微波干燥以及高温烘干。干燥后的牛粪主要作为双孢菇种植的原料、垫床垫料、养殖蚯蚓和养鱼的饲料等，其经济价值是不可忽略的。但是干燥法能耗高、投资大，尚未得到广泛应用。

(2)养殖蚯蚓

养殖蚯蚓处理奶牛场牛粪的方法又称生物处理法，该方法融合了传统堆肥和生物处理。蚯蚓可以利用牛粪中的物质，在促进自身生长的同时，产生蚯蚓粪。蚯蚓粪是一种非常好的肥料，在提高土壤肥力的同时，可以改良土壤结构，疏松土壤，增强土壤的透水性，进而防止土壤板结。利用蚯蚓处理牛粪是一种资源循环利用的可取之法。利用牛粪养殖的蚯蚓可用于饲料生产、特种经济动物养殖、水产等。牛粪养蚯蚓在解决牛粪堆积造成的污染问题的同时，也为其他动物的养殖提供了优质蛋白质，为种植业提供了优质的有机肥。但蚯蚓对温度比较敏感，因此要有效观测堆肥过程中的温度，防止温度过高。

3 畜禽养殖废气消减技术

畜禽养殖场的废气主要指氨气、硫化氢、一氧化碳等有毒有害气体，还包括二氧化碳、甲烷等温室气体，以及一些挥发性脂肪酸、酚类等恶臭气体。到目前为止，检出气体种类最多的是由 Schiffman 等人在美国北卡罗来纳州的某养猪场通过采集以及 GC-MS 分析发现的 331 种挥发性化合物和固定气体构成，主要包括酸类、醇类、挥发性脂肪酸、醛类、酚类、脂类、胺类、硫醇类、卤代烃、含硫化合物、含氧化合物等。

这些废气不但严重危害人和畜禽的健康，而且还会对周围环境造成污染。

畜禽养殖产生的有毒有害气体对人和畜禽均存在不利影响。对畜禽的影响主要表现在对畜禽生长发育的影响和健康的损害，最终会导致养殖场的减产，从而造成一定的经济损失。恶臭性气体如氨气、硫化氢等气体会刺激畜禽眼结膜、鼻腔黏膜和支气管黏膜，导致黏膜充血、发炎，严重时会使畜禽出现肺水肿、肺出水等症状，甚至导致其死亡。此外，恶臭性气体会破坏畜禽的免疫屏障，降低畜禽的免疫力，并且破坏呼吸系统和循环系统，导致畜禽贫血和缺氧等。对人的影响主要表现在对养殖场员工及周边居民的健康的影响、生活质量的影响。

畜禽养殖废气对环境的影响主要表现在对大气的污染，其排放的颗粒物为一次颗粒污染物，可以构成雾霾中的“原核”物质；氨气和硫氧化物、氮氧化物经过光化学反应会转化为亚硫酸铵、硝酸铵等二次污染物，形成了雾霾中的二次颗粒物质；挥发性有机物（VOCs，volatile organic compounds）成分复杂，其中许多具有毒性甚至致癌作用。上述污染物参与大气光化学反应，促进了大气中的臭氧及二次有机气溶胶的形成，加剧全球温室效应。有研究表明，全球约有 39％氨气排放来源于畜禽养殖，而我国的畜牧业氨排放量更是占到了我国氨总排放量的 60％。仅以北京市为例，北京市畜禽养殖每年排放相当于 24.6 kt 的氨气、22.4 kt 的硫化氢、1.2 kt 的 VOCs、1.4 kt 的悬浮颗粒物，折算氧化物排放量氮氧化物、二氧化硫占北京市总排放量的39.9%和18.4%。

养殖场废气主要来源于两个区域,养殖区和污染物处理区。

养殖区废气主要为养殖过程中动物粪便、饲料残渣和垫料等含氮有机物分解产生的氨气、硫化氢等气体,主要是粪污厌氧分解产生的。另外,畜禽消化道排出的气体、皮脂腺和汗腺的分泌物、黏附在动物体表的污物、呼出气中的CO_2等也会散发出难闻的气味,其主要臭味物质也是氨气和硫化氢。不同养殖场畜禽养殖区排放废气的恶臭强度与养殖场的品类、清粪方式、管理水平等有关,同时也与场址规划和布局、饲养密度、畜舍设计通风等条件有关。

污染物处理区的废气主要也是氨气和硫化氢。污水处理站工艺一般是利用微生物分解有机物的过程。其酸性发酵阶段将蛋白质、碳水化合物、脂肪等有机高分子分解成低分子时,产生有机酸,其后低分子有机酸继续分解,将产生CH_4、H_2S、NH_3、CO_2等废气,带来环境恶臭影响,特别在试运行阶段尤为明显。恶臭的主要排放点位于氧化池、贮泥池、污泥处置构筑物内。恶臭气体主要成分为H_2S、NH_3,还有甲硫醇、甲基硫、甲基化二硫、三甲胺、苯乙烯乙醛等物质。此外臭气强度也随季节温度的变化有所变化,夏季气温高,臭气强度高,冬季气温低,臭气强度低;在同一季节,晴天气味扩散快,臭气强度低,阴天气味扩散慢,臭气强度高。

目前养殖场废气的处理存在如下特点及问题:

①养殖户环保意识差,相关部门监管力度不够;

②恶臭治理技术和方式单一。

(1)扩散快、传播广

畜禽养殖生产中,为达到降低舍内恶臭性气体浓度的目的,大多数养殖户会利用自然通风或者机械通风的方式,将养殖舍内的恶臭性气体排放到大气中。这些恶臭物质进入大气后快速扩散到周围环境中去,造成了大范围、大面积的恶臭污染。

(2)浓度低、排放量大

由于采用自然或者机械通风的方式持续不断地排放气体,恶臭性气体浓度通常很低,一般不会超过20ppm。然而,由于畜禽养殖数目庞大,每年排放到大气中的污染物总量最大,有研究表明,一头猪平均每小时可产生90 L的恶臭性气体(气温低时减半),仅2018年我国生猪出栏就有近7亿头,仅仅养猪业每年就要产生近5万亿m^3的恶臭气体。

(3)收集、测定和评价难度大

畜禽养殖场内恶臭性气体的来源众多,养殖场的每个环节,包括畜禽养殖、饲料存贮、粪尿处理等都会持续产生恶臭性气体,这些过程分布于养殖场的每个角落,涉及所有场所和设备,想要完全收集有很大的难度。而且,如前述所言,恶臭性气体的成分复杂,且相互之间会产生影响,难以将每种成分进行检测,只能重点收集、测定和处理其中的主要气体。然而,有些恶臭性气体,虽然浓度不大,也会对人产生强大的刺激,让人和动物感到强烈的不适,从而加大恶臭物质测定评价难度。

(4)成分复杂,治理困难

鉴于畜禽养殖废气成分复杂,且不同组分的物理、化学性质相差很大,综合治理废气的难度很大,很难将废气中的恶臭成分完全去除。恶臭性气体没有固定的扩散方式,一旦进入大气就会快速扩散到环境中,很难收集处理。

(5)废弃处理没有经济效益,养殖户没有投入的动力

由于我国畜禽养殖排放标准中只规定了臭气排放的无量纲浓度,没有具体的排放浓度标准,所以监管比较被动。大多数情况是只有周边居民投诉,环保部门才会进行检测,才会责令整改或关停。而且,整个废气处理过程是一个高投入却无直接经济产出的过程,对于中等及中等以下规模的养殖场,由于环保意识单薄,并不会主动进行废气处理。

针对如上问题,本章主要从废气的成分、来源、危害、国家控制标准和防治措施等方面进行分析。

3.1 养殖场废气的主要成分、来源及危害

养殖场废气的主要成分包含氨气、硫化氢、二氧化碳、气溶胶及其他成分。

3.1.1 氨气

氨气(ammonia gas,NH_3)是养殖场占比最大的臭气,约占臭气排放量的90%。其主要来源有三种:

①畜禽生命活动产生,如肠道活动产生;

②畜禽粪便发酵产生,即粪便中的微生物和环境中的微生物共同作用分解有机物而产生;

③饲料分解产生，即在环境微生物和酶的共同作用下，含氮有机物被分解而产生。

氨气为无色、有强烈刺激性气味、极易溶于水的气体。氨气的密度较小，所以在温暖的畜舍内一般上升到畜舍的上部，但由于畜舍内氨气大部分来源于地面粪尿混合物，所以氨气会分布在畜禽所能接触到的所有范围。氨气对畜禽产生巨大的危害作用，主要原因在于：

①氨气极易溶于水，溶于畜禽的黏膜上可产生刺激，引起畜禽眼结膜充血并发生炎症反应；

②高浓度的氨气可直接刺激身体组织，引起中枢神经系统麻痹、中毒性肝病、心肌损伤等。

若畜禽长期生活在高浓度的 NH_3 环境中，往往采食量降低，对疾病的抵抗力降低，在生产动物中，鸡对氨气最为敏感，对产蛋鸡的性成熟和产蛋率影响最大。畜禽受到氨气的刺激，会暴发严重的呼吸道疾病，还可能发生腹水症等其他疾病。若环境中氨气浓度持续升高，甚至会引起畜禽机体的中毒，严重的会引发死亡。

除了这些病症之外，环境中氨气浓度的升高还可能引起蛋禽或种禽的产蛋率下降、种畜繁殖性能下降。

3.1.2 硫化氢

硫化氢(hydrogen sulfide，H_2S)主要来源于畜禽排泄物中含硫有机物的降解。H_2S 是一种无色、有臭鸡蛋气味的气体，可溶于水，其水溶液呈弱酸性。它对机体的主要危害在于其强烈的还原性，可破坏细胞中氧化型细胞色素氧化酶的结构，从而引起细胞呼吸受阻，造成组织缺氧。

在畜禽舍内，常因通风不当、粪便处置不当等一些因素而造成舍内 H_2S 浓度过高。过多的 H_2S 可引起动物的多种应激反应，造成畜禽体质变弱、抗应激能力减弱、抗病力下降等诸多不利影响。长时间处于含 H_2S 的环境中能引起人和动物呼吸系统、消化系统、心血管系统和免疫系统等多组织器官损伤。H_2S 引起的免疫损伤大大降低了鸡群抵御病原微生物的侵袭能力，影响禽类健康。

长期处在低浓度 H_2S 的环境中，畜禽体质会变弱、抵抗力下降等。通过 HARTUNG J 的实验显示，H_2S 的浓度严重影响育成鸡的血液指标，其结果如表 3-1 所示。

表 3-1 H_2S 对育成鸡血液指标的影响

组别	H_2S 浓度(mg/L)	血红素(g)	氧容量(%)	碱储(mg)
1	0.03	7.8～8.0	93～94	520～480
2	0.02	8.8～8.9	92～93	520
3	0.01	8.9～9.0	93～94	520
4	0.005	9.8～10.0	95～96	420

3.1.3 二氧化碳

二氧化碳(carbon dioxide,CO_2)是一种在常温下无色、无味、无臭的气体,常温条件下密度比空气略大,溶于水(1 体积 H_2O 可溶解 1 体积 CO_2),并生成碳酸。养殖场的二氧化碳主要来自家畜呼吸运动和粪便降解产物。此外,在冬天,因保暖而燃烧煤炭也会导致二氧化碳浓度的提高,且因保暖需求,养殖户多会减小通风量以维持舍内温度,更会加重畜舍内二氧化碳的聚集。

虽然二氧化碳本身并没有毒性,但是长期生长在高浓度二氧化碳的畜舍内可能会降低动物的生长性能,危害动物健康。高浓度二氧化碳的危害主要是通过引起空气中氧气(O_2)含量的降低,从而造成动物缺氧,导致脑内 ATP 迅速耗竭,中枢神经系统失去能量供应,而引起钠泵运转失灵,钠离子(Na^+)、氢离子(H^+)进入细胞内,使膜内渗透压升高,形成脑水肿。此外,过量的二氧化碳还会危害肺和心血管系统。当二氧化碳浓度高达 5%～6%时,会导致动物死亡。此外,还有研究表明,低氧气、高二氧化碳浓度的空气能导致动物的心脏结构、心肌组织、脑部、肝脏、肺部和骨骼肌组织的损伤。

3.1.4 气溶胶

气溶胶(aerosol)是指固体粒子、气体粒子和它们在气体介质中的悬浮体。按颗粒的形态大小,可分为总悬浮颗粒物(total suspended particulate,TSP)、可吸入颗粒物(particulate matter 10,PM_{10})和微细颗粒物($PM_{2.5}$)。养殖舍内环境颗粒物成分主要是有机物,含有 C、H、O、N、S、Ca、Na、Mg、Al 和 K 等多种元素;颗粒物表面还附着细菌、真菌、病毒等多种微生物以及内毒素、氨气、硫化氢等有害物质。畜禽养殖场的颗粒物主要来源于饲料、粪便、羽毛、皮屑等,畜禽养殖舍颗粒物的产生和释放受到家畜的种类、日龄、活动以及季节等多种因素的影响。一般而言，鸡舍内颗粒物的浓度高于猪舍，冬季舍内颗粒物的浓度高于夏季。畜禽养殖舍颗粒物的成分复杂，具有很强的生物学效应，严重危害家畜的健康和生产。

畜禽舍内高浓度气溶胶主要通过以下三种形式影响呼吸道健康：

(1)气溶胶直接刺激呼吸道，减弱机体对呼吸系统疾病的免疫抵制。目前了解的气溶胶对呼吸道健康危害主要表现在颗粒物对呼吸道的致炎作用。一种方式是颗粒物本身引起呼吸道损伤。另一种方式是畜禽舍颗粒物的表面附着大量的重金属离子、挥发性有机化合物(volatile organic chemicals，VOCs)、NO_3^-、SO_4^{2-}、NH_3、臭味化合物、内毒素、抗生素、过敏原、尘螨及β-葡聚糖等物质，这些物质以颗粒物为载体进一步危害呼吸道健康。

(2)气溶胶表面附着的多种化合物的刺激。

(3)气溶胶表面的病原性和非病原性微生物的刺激。

畜禽舍中微生物气溶胶是畜禽舍呼吸道传染病的重要传染源与传播渠道。如猪舍中，猪瘟、猪水疱病、蓝耳病、猪传染性胸膜肺炎等疫病可通过畜禽养殖场气溶胶短距离传播，口蹄疫、伪狂犬病、猪支原体肺炎等可通过气溶胶长距离传播。当封闭型畜禽舍内空气微生物含量减少50%～70%时，典型空气传播的禽、仔猪呼吸系统疾病发生率将减少90%以上。

除了对养殖场中畜禽舍内的动物和人造成的伤害外，畜禽舍气溶胶还会扩散到畜禽舍外，其中的微生物、颗粒物和有害气体可通过通风换气与舍外大气环境进行交换。如果这部分散播到舍外的气溶胶处理不当，还会对舍外造成严重的环境污染。

有研究通过对畜舍内外大肠杆菌和肠球菌的DNA进行分子鉴定及遗传相似性分析，发现畜禽舍内外微生物存在同源性，在本质上确认了微生物气溶胶的产生并且向舍外传播，监测后认为畜禽舍的微生物的传播范围可达到舍外下风口200 m以外。研究表明，猪舍、牛舍、鸡兔舍中的耐药大肠杆菌、金黄色葡萄球菌等微生物散播到舍外极大增加了畜禽饲养人员和畜禽养殖场周边居民的感染风险。除微生物外，畜禽养殖场还会向大气中排放大量的二甲基硫醚。畜禽舍中的气溶胶在向外传播过程中也可发生化学反应生成二次气溶胶，从而加剧其污染的危害。

传播到畜禽舍外环境中气溶胶的扩散范围和影响程度与养殖舍周边的地理条件、受养殖舍的规模影响的气溶胶的产量和浓度、目标物与养殖舍之间的距离以及季节性风向有关。

关于气溶胶引起动物疾病的机理，有报道表明，气溶胶通过刺激肺泡巨噬细胞产生前炎症因子，继而诱发其他细胞释放炎症因子，引起肺发生炎症反应；另外，$PM_{2.5}$通过引起肺组织细胞发生氧化应激，激活丝裂原活化蛋白激酶(MAPKs)的活性，上调核转录因子 κB(NF-κB)和转录激活因子 AP-1 的表达而诱发肺的炎症；$PM_{2.5}$ 还通过激活模式识别受体 Toll 样受体 TLR2 和 TLR4 的表达，激活 NF-κB 信号通路而导致炎症的发生。也有研究显示 $PM_{2.5}$ 可诱导呼吸道炎症，同时也可激活细胞自噬和核因子相关因子-2 (nuclear factor E2-related factor 2，Nrf2)相关信号通路，从而为缓解和治疗气溶胶引起细胞损伤提供了作用靶点。由于气溶胶成分复杂，且呈持续变化状态，因此诱导呼吸道损伤的机制也十分复杂，其系统深入的研究仍在进行中，对其认识也随着研究的开展而逐步发生变化。畜禽养殖生产过程中释放的大量气溶胶严重影响环境空气质量和家畜健康，而气溶胶对环境和家畜健康的危害程度与其组成和浓度密切相关。

由于气溶胶在空气中能相对稳定地存在，传播性广，且畜舍内气溶胶中革兰氏阴性细菌均为致病菌，其细胞膜中的脂多糖危害很大。在畜舍内脂多糖的浓度可高达 0.66～23.22 EU/m^3，在牛舍内可达 761 EU/m^3，散养蛋鸡舍的内毒素最高浓度可达 8120 EU/m^3，不同畜禽种类，气溶胶浓度存在一定差异。一般而言，禽舍内 PM 的浓度高于畜舍；肉禽舍内气溶胶浓度高于蛋禽舍；平养禽舍内气溶胶浓度高于笼养禽舍。

3.1.5 畜舍内空气中的其他成分

甲烷(methane，CH_4)是无色、无臭、无毒的温室气体，其化学性质稳定。在反刍动物舍内，主要由动物瘤胃发酵产生，少量为粪便发酵产生；在其他动物舍内，主要为粪便发酵产生。早期研究认为，作为温室气体，畜舍内 CH_4 本身不会对机体存在直接影响，其主要危害在于其浓度的增加会使空气中的氧浓度降低。当 CH_4 浓度达到 25％～30％时，畜禽就会出现窒息前症状，中枢神经系统会发生障碍，如头晕、呼吸加速、注意力不集中、肌肉协调运动失常等应激反应，甚至导致动物窒息死亡，严重危害人类和动物的健康。通过深入的研究发现，CH_4 与动物和人类的肠道疾病，包括肠易激综合征和结肠癌，以及肥胖症和便秘等症状存在显著关联，其机理在于 CH_4 会降低人和动物的胃肠道蠕动速度。但是，也有学者认为，肠道的疾病并非 CH_4 这一物质引起，而是由于肠道内的产甲烷菌群破坏了肠道微生物的平衡，因此，问题并不在于 CH_4 本身，而是产甲烷菌群。

3.2 国内外畜禽养殖恶臭性气体排放标准

日本是世界上第一个对恶臭性气体污染防治进行立法的国家，1971 年颁布实施了《恶臭防治法》，该法规列举了 8 种常见的恶臭性气体的浓度和恶臭强度的关系。然而，由于畜禽养殖排放的恶臭性气体的种类繁多，鉴于检测技术、手段和设备的限制，实际生产中不可能对其进行一一检测和评定。因此很多国家和地区都只对常见的恶臭性污染物制定相关的排放标准，我国在借鉴了日本《恶臭防治法》并且参照了《环境空气质量标准》(GB 3095—2012)后，发布了《恶臭污染物排放标准》(GB 14554—1993)，该标准分年限规定了 8 种恶臭性气体(氨、甲硫醇、硫化氢、三甲胺、甲硫醚、二硫化碳、二甲二硫、苯乙烯)的一次性排放最大值、复合恶臭物质的臭气浓度限值及无组织排放源的厂界浓度限值(表 3-2)。此外，我国还制定了《畜禽场环境质量标准》(NY/T 388—1999)和《畜禽养殖业污染排放标准》(GB 18596—2001)，进一步对畜禽养殖过程排放的恶臭性气体做了相关限制(表 3-3)。

表 3-2　恶臭性气体排放厂界标准

控制项目	单位	一级	二级		三级	
			新扩改建	现在	新扩改建	现在
氨	mg/m^3	1.0	1.5	2.0	4.0	5.0
硫化氢	mg/m^3	0.03	0.06	0.10	0.32	0.60
三甲胺	mg/m^3	0.05	0.08	0.15	0.45	0.80
甲硫醇	mg/m^3	0.004	0.007	0.010	0.020	0.035
甲硫醚	mg/m^3	0.03	0.07	0.15	0.55	1.10
二甲二硫	mg/m^3	0.03	0.06	0.13	0.42	0.71
二硫化碳	mg/m^3	2.0	3.0	5.0	8.0	10
苯乙烯	mg/m^3	3.0	5.0	7.0	14	19
臭气浓度	无量纲	10	20	30	60	70

表 3-3 畜禽养殖场空气质量标准

项目	单位	缓冲区	场区	禽舍		猪舍	牛舍
				雏	成		
氨气	mg/m^3	2	5	10	15	25	20
硫化氢	mg/m^3	1	2	2	10	10	8
二氧化碳	mg/m^3	380	750	1500	1500	1500	1500
PM_{10}	mg/m^3	0.5	1	4	4	1	2
TSP	mg/m^3	1	2	8	8	3	4
恶臭	稀释倍数	40	50	70	70	70	70

注：表中数据皆为日均值。

其中，空气中氨的测定按照《空气质量 氨的测定 纳氏试剂比色法》(GB/T 14668—1993)中的纳氏试剂比色法进行；恶臭的测定按照《空气质量 恶臭的测定 三点比较式臭袋法》(GB/T 14675—1993)中的三点比较式臭袋法进行；总悬浮颗粒物(total suspended particulate，TSP)和 PM_{10} 按照《环境空气 总悬浮颗粒物的测定 重量法》(GB/T 15432—1995)中的重量法进行；硫化氢的测定采用中国环境监测总站发布的《污染源统一监测分析方法》(废气部分)中的碘量法进行；二氧化碳测定按照国家环保总局《水和废水监测分析方法》(第 3 版)(1989)中的滴定法进行。

3.3 废气处理技术

目前常用的畜禽养殖废气控制技术可以分为三大类：源头控制、过程控制和末端控制。

源头控制旨在通过饲料原料、饲料配方、添加剂等部分的控制，来尽量减少恶臭性气体的产生。

过程控制是指在生产过程中，通过清粪工艺的改进、垫料的选配等方法减少生产过程中恶臭性气体的产生、释放和在畜舍内的停留时间。

末端控制是在畜禽养殖废弃物的运输、堆放、存储和处理过程中通过物理法、化学法和生物法等方法，控制恶臭气体的产生和释放。一般来说，物理法包括掩蔽法(绿化带)、扩散稀释法(通风)和吸附法(活性炭)等；化学法包括氧化法、分解法和吸收法;生物法包括生物过滤法、生物吸收法、生物活性炭法、复合式生物反应器法、膜生物反应器法等。目前养殖场处理废气一般是两种或多种方法联合使用,以提高处理效率。

3.3.1 畜禽养殖恶臭性气体源头控制技术

1. 氨气挥发控制

在源头控制技术中,氨气的控制方式主要有合理调节饲料中蛋白和纤维素的含量和比例、氨基酸替代部分蛋白质、添加活菌制剂或酶制剂。

在饲料中添加氨基酸可以减少饲料中蛋白质的含量,提高饲料中含氮物质的吸收和转化效率,进而降低排泄物中的氮含量。

在饲料中添加活菌制剂、吸附剂可提高饲料转化率,可以减少粪尿中的总氮、氨态氮,从而有效降低猪舍内的氨水平。

酶制剂如复合酶和植酸酶,使用后可使氮的利用率提高17%~25%,从而使粪便中的 NH_3 排泄量减少,从而减少猪舍内的氨气含量。

2. 硫化氢挥发控制

硫化氢挥发的源头控制同样也是通过配方的调整,包括提高饲料的利用效率,减少饲料中硫酸铁、硫酸铜等含硫矿物质的使用。

此外,由于产硫化氢的细菌多数是厌氧菌,通过改造圈舍结构,增加通风设施,提高空气中的氧气浓度,可以有效抑制硫酸盐还原菌的生长和繁殖,从而抑制硫化氢的产生。

另外,改善圈舍环境,定期进行消毒处理以减少硫酸盐还原菌也可以减少硫化氢的产生。

3. 甲烷控制

CH_4 防控的主要措施包括饲料管理控制、添加脂类物质、驱除原虫、添加天然植物提取物和化学制剂等。

饲料管理控制主要通过采食富含可溶性碳水化合物或淀粉的日粮,甲烷产量会降低;添加脂类物质的措施主要通过日粮添加植物脂肪、高级脂肪酸,可以抑制反刍动物瘤胃中甲烷的产生;驱除原虫的措施主要通过驱除原虫,间接减少甲烷菌数量,进而减少甲烷排放量;添加天然植物提取物的措施主要通过单宁、皂苷、茶皂素、甘露寡糖等不同程度降低甲烷产量;添加化学制剂的措施主要通过莫能菌素等减少甲烷菌的数量而有效降低甲烷产量。

4. 二氧化碳控制

鉴于同一养殖场内，二氧化碳浓度的增加受到动物体重增加的影响，在实际生产中，二氧化碳的源头控制可通过降低养殖密度以减轻二氧化碳的影响。

5. 气溶胶控制

详细内容见 3.4 节。

3.3.2 过程控制的废气控制技术

1. pH 值的调节

通过降低粪尿混合物 pH 值的方法来减少氨气的排放是一种有效途径，如利用硫酸降低粪尿混合物的 pH 值到 5.5，氨气减少 75%～90%。调节粪尿的 pH 值为碱性则可减少粪便中硫化氢气体的排放。因此，在实际生产中，可通过检测舍内的废气成分来确定适合的 pH 值调节方式。若主要废气为 H_2S，则可通过利用碱性物质调节；若主要废气为 NH_3，则可通过酸性物质调节。

2. 圈舍结构改造，增加通风设施

空气中的氧气可以抑制硫酸盐还原菌的生长和繁殖，从而抑制硫化氢的产生。同时，增强圈舍内的通风，也可缓解氨气在舍内的迅速聚集。

3. 减少粪尿在圈舍内的停留时间

减少粪尿潴留，采用密闭管道系统，以及改进猪床设计等均可缓解恶臭性气体在圈舍内的聚集。

4. 无机盐的喷撒

将无机盐均匀地喷撒在地面或粪池中，无机盐与畜禽粪便中的微生物或臭味物质发生氧化、还原、中和、聚合等化学反应，从而减少臭味物质的产生，达到除臭的效果。

5. 其他

此外，沸石、活性炭等作为垫料，具有吸收和离子交换能力，能有效吸附氨气。环境改良剂、环保型有机物的应用，定期进行消毒处理，均可有效降低圈舍内的恶臭性气体浓度。

3.3.3 末端处理恶臭性气体控制技术

1. 物理法

(1)掩蔽法

掩蔽法就是在养殖场或粪污处理区与其他区域之间设置绿化带,以将恶臭性气体圈定在一定范围内。这一方法只能减少恶臭气体向场外区域的扩散从而减少周边居民的投诉,无法从根本上去除恶臭性污染物,因此该方法具有很大局限性。

(2)稀释法

稀释法就是通过增强通风以利用干净的空气稀释恶臭性气体,这种方法可以有效减轻畜禽养殖场内的恶臭,因此该方法被广泛应用于我国畜禽养殖场,使得排放的恶臭性气体达到国家标准。然而这种方法不仅无法从根本上去除恶臭气体,甚至会使污染物扩散到更大的范围,对大气环境造成严重的破坏。

(3)吸附法

吸附法就是利用比表面积较大的多孔性强吸附材料(如碳质吸附剂、树脂类吸附剂)将恶臭性气体吸附到这些材料表面和内部。吸附法是一个污染物转移的手段,不能从根本上去除污染物,吸附恶臭污染物后的材料的处理也有很大的困难。此外,吸附材料的吸附能力有限,吸附材料的置换和再生需要很高的费用。

综上所述,物理法都不能从根本上减少畜禽养殖产生的恶臭性气体,也不能降解或改变恶臭气体的性质,而只是改变了存放场所,从而使目的场地内的恶臭性气体浓度有所降低。但因为物理法有成本低、操作简单的优势,在我国畜禽养殖场有广泛的应用,然而由于畜禽养殖废气排放量巨大,这些废气扩散到大气中后会对大气造成严重的破坏。

2. 化学法

(1)化学吸收法

化学吸收法即根据恶臭污染物的化学性质,利用吸收液(如水、碱性吸收液、酸性吸收液、各类有机溶剂等)将恶臭性物质溶解在其中,达到去除空气中恶臭性污染的目的。然而这种方法只能针对单一化学性质的恶臭性物质,且运行成本高,吸收液的后续处理也存在着技术困难。

(2)氧化法

氧化法即利用氧化剂(如臭氧等)或低温等离子UV等的强氧化性,将恶臭性气体中的大部分有害物质完全氧化为无害的气体的方法。然而这种方法存在氧化不彻底,容易产生二次污染的问题,而且成本较高。该法只适用于浓度较低的恶臭性气体的处理,目前用于处理污水处理厂产生的恶臭气体。

(3)燃烧法

燃烧法主要用于挥发性有机化合物(VOCs)的处理,通过直接燃烧、催化燃烧、蓄热燃烧等燃烧方式,将其转化为无害气体,并且产生一定的热量。这种方法的缺点在于投资成本高、易产生二次污染、对污染物浓度要求高等。

化学法总体而言均有一定的局限性,并不能从根本上处理恶臭性气体,且存在成本和运行费用高、会造成二次污染、后续处理困难且处理效率低等特点。因此,虽然该法曾经是最常用的处理方式,但并不是最佳方式。

3.生物法

近几十年来,生物法由于处理恶臭气体的高效性和经济性等优势而得到了很多学者的广泛关注。生物法去除氨气、硫化氢和VOCs等恶臭性气体具有效率高、成本低、节能和维护较容易等优点。有研究表明,在合适条件下,生物法氧化硫的速率是化学法的50~75倍,而成本只有化学法的40%左右。生物法处理可将恶臭性气体彻底降解为无害物质而不是转移位置。因此,近年来生物法处理畜禽养殖产生的恶臭气体逐渐成为相关研究的重点。恶臭性气体生物处理技术以日本、荷兰、美国最为先进,生物法的原理是微生物利用恶臭性污染作为营养源支撑其生长繁殖,这一过程中,这些恶臭性物质被降解为CO_2、水、硫酸盐、硝酸盐、卤化物等二次污染小并且稳定的物质。

经过国内外数十年的研究,生物除臭技术取得了一些突破。目前可以将这些生物技术分为传统生物除臭技术和新型生物除臭技术。传统生物处理恶臭性气体的技术主要包括生物过滤法、生物吸收法和生物洗涤法。生物过滤法主要包括生物滤池法和生物滴滤法;生物吸收法主要是活性污泥曝气法。生物洗涤法也叫活性污泥洗涤法。新型生物处理恶臭性气体的技术主要包括生物活性炭法、复合式生物反应器法和膜生物反应器法。生物法要结合相应的反应器和恶臭气体的来源、特点、参数才能发挥最高的效率,传统生物反应器有生物滴滤塔、生物过滤器、活性污泥曝气池等;新型生物反应器有复合式生物反应器和膜生物反应器。

各处理技术的对比见表3-4。

表3-4 生物法各处理技术对比

处理技术	填料	微生物形态	进气方式	处理目标	降解效果	缺点
生物滤池法	土壤、堆肥、泥炭等	附着于生物膜	底部进气	氨气、硫化氢、VOCs	90%以上	占地大、运行维护费高、填料后期处理困难、处理效率低
生物滴滤法	陶瓷、塑料、硅藻土	附着于生物膜	底部进气	氨气、硫化氢	90%以上	反应速度慢、需定期更换营养液和填料、运行成本高、处理效率不高
活性污泥曝气法	无	活性污泥	曝气	氨气、硫化氢		
活性污泥洗涤法	无	活性污泥	底部进气	氨气、硫化氢		
生物活性炭废气净化法	活性炭	附着于活性炭	底部进气	硫化氢、氨气等	硫化氢100%、氨气96%以上	
复合式生物反应器法	活性炭		底部进气	硫化氢、氨气等		投入较高、占地较大
膜生物反应器法	微孔膜或致密膜	附着于生物膜	侧面	低水溶性气体	甲苯95%以上、二甲苯92%	生物膜价格昂贵，生物膜污染

(1)生物滤池法

生物滤池法是一种利用固定滤料上的微生物处理恶臭性气体的方法，其基本原理是将废气从底部通入生物过滤器中，附着在填料上的异养型细菌将废气中的有机碳氧化为二氧化碳和水，同时自养性细菌利用产生的二氧化碳作为碳源固定，并且将废气中的氨和硫化氢氧化成亚硝酸根、硝酸根和硫酸根离子获得能量，从而完成净化废气的过程。生物过滤法具有结构简单、低成本、可以处理气液比较高的废气等优点。

生物滤池法是通过土壤、堆肥和泥炭等不同天然有机物滤料为微生物的生长提供生长必要的营养元素，以恶臭气体为微生物生长的碳源，在维持微生物生长的同时完成恶臭性气体的转化。选用的滤料可根据用途的不同而确定。

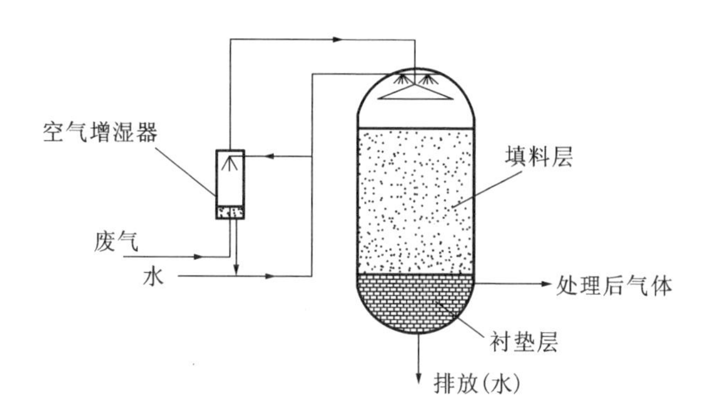

图 3-1 生物过滤系统

目前,生物滤池主要用于去除气液比小于 1.0 的恶臭性组分。生物滤池法具有结构简单、成本低、运行费用低等优点。

然而,在生物滤池法处理废气的过程中(图 3-1),由于氨气和硫化氢绝大部分被氧化成亚硝酸根、硝酸根和硫酸根离子,而一般条件下亚硝酸根、硝酸根离子只有很少数被还原成氮气,大部分硫酸根离子也无法被微生物利用,所以这些物质会在填料中不断积累,使得填料酸化而造成二次污染。

(2)生物滴滤塔(图 3-2)

生物滴滤塔的原理和生物滤池基本相似,区别在于:

①生物滴滤塔增加了喷淋装置,以喷淋营养液作为微生物生长的营养;

②滤料采用陶瓷、塑料、活性炭、硅藻土等惰性物质以避免填料的酸化。

然而,由于气液传质的问题,气体转化为液相的效率低于生物滤池,反应速率也低,因此需要延长气体停留时间。实际操作中,可通过气体的循环处理来解决。因此,生物滴滤塔对于气液比小于 0.1 的气体仍有很高的处理效率。

生物滴滤塔对于高浓度硫化氢、低浓度氨气和 VOCs 有非常好的处理效果。填料选取与挂膜的微生物种类、进气种类有关。制约生物滴滤塔处理效率的因素主要有气体停留时间、营养液流速。气体停留时间主要影响废气与生物膜传质效率;而营养液主要影响生物滴滤塔内微生物的活跃范围,进而影响生物滴滤塔的处理效率。

此外,利用生物滴滤塔处理废气的过程中,由于氨气和硫化氢绝大部分被氧化成亚硝酸根、硝酸根和硫酸根离子,而一般条件下亚硝酸根、硝酸根离子只有很少数被还原成氮气,大部分硫酸根离子也无法被微生物利用,所以这些离

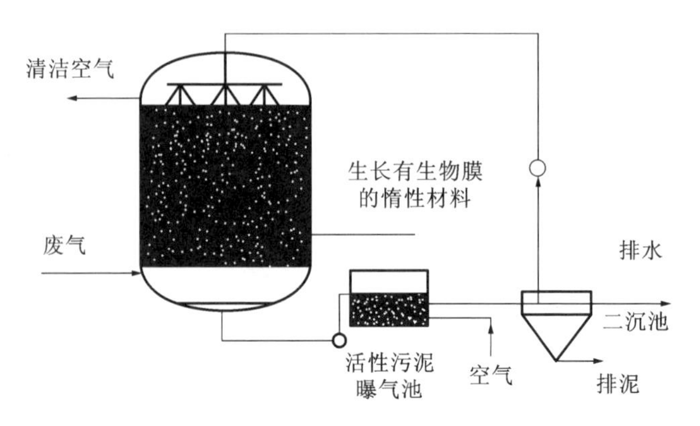

图 3-2　生物滴滤塔

子绝大部分会积累到反应器的营养液中，这些废液不妥善处理会造成对环境的二次污染。

(3)生物吸收法

生物吸收法的基本原理是将废气中的污染物转移到活性污泥中，依靠活性污泥中的微生物而降解转化成为二氧化碳、水和无机盐。根据气液接触的方式不同，生物吸收法可分为活性污泥曝气法和活性污泥洗涤法。活性污泥曝气法是使用废气对活性污泥进行曝气，通过活性污泥的吸附和降解，去除废气中的污染物。活性污泥洗涤法是采用洗涤塔将废气溶解到活性污泥混合液中而降解污染物。

(4)生物活性炭废气净化技术

鉴于活性炭上可以附着生长大量的微生物，Miller 和 Rice 等在 1978 年提出了生物活性炭的术语。生物活性炭在废水的深度处理中较早出现，其应用价值也得到证实，近年来，被用于废气处理的研究中，也取得了良好的效果。此外，有研究还发现微生物不仅容易附着在活性炭上生长而转化废气为无毒无害物质，而且这一生命活动还延长了活性炭的使用寿命。生物活性炭对低浓度的硫化氢的去除率达到了 98%以上。而比较生物活性炭和活性炭对不同浓度硫化氢的去除效果，结果表明，浓度在 42 ppm 以下时硫化氢可以完全去除。此外，利用废弃活性炭作为生物滴滤池的填料可处理氨气和硫化氢的研究结果显示，氨气和硫化氢的去除率和降解率都达到了很高的水平。在利用生物活性炭滴滤塔降解氨气和硫化氢的研究中发现，硫化氢的去除率一直稳定在 100%(表 3-4)，而氨气的去除率也可达 96%以上，可以作为很好的滴滤塔活性填充物质。

此外，还有人研究了关于生物活性炭对可溶性有机碳(dissolved organic carbon，DOC)降解的影响，结果表明生物活性炭对DOC也具有一定的降解效果。在利用生物活性炭处理养殖场中的氨气和硫化氢的研究中发现，在气体空速为0.2 m^3/h和0.25 m^3/h时，氮和硫的转化率都达到了98%。

上述研究表明，生物活性炭法用于处理低浓度恶臭气体虽然目前应用并不广泛，但是针对畜禽废气中恶臭组分浓度较低但气量大的特点，可与生物滴滤池法结合处理畜禽养殖废气，可以作为一种新型复合处理工艺。

(5)复合式生物反应器废气处理技术

针对成分复杂的废气，由于不同气体的理化性质存在差异，为提高废气的综合处理效率，复合式生物反应器应运而生。复合式生物反应器的设计呈多样化特点，一般根据处理废气组分的理化特性制定。目前常见的复合式反应器包括反应器内部结构复合式反应器、不同生物反应器直接串联式反应器、细菌真菌两段式生物反应器等。林坚等人在研究含悬浮式生物区和固定式生物反应区的复合式反应器处理硫化氢时发现，在反应器内部的共同作用区，处理效果比单个处理区的效果好；串联式复合生物反应器增加了气体的停留时间，分级分段处理废气，大大提高了难溶、难降解废气的处理效率，而且对于后续载体的处理难度相应降低。於建明等人用生物过滤器和生物滴滤塔串联的方法去除废气中的高浓度硫化氢和VOCs，硫化氢和VOCs的平均去除率分别达到了97.7%和81.3%。细菌真菌复合式生物反应器对复合性废气处理具有极高的效率和极大的作用。以上几种复合处理方法为畜禽养殖废气的处理提供了解决的方向。李琳等人通过细菌真菌复合式生物反应器去除氨气、苯乙烯、硫化氢、乙硫醇等恶臭性气体，达到了良好的效果，这些气体的去除率都达到了78%以上，而且研究证明了反应器中的细菌与真菌微生物具有协同作用，因此该生物反应器能够有效去除废气中亲水性和疏水性污染物质。

(6)膜生物反应器净化废气技术

膜生物反应器是将传统的生物反应器处理废气的方法与生物膜处理相结合的工艺，其基本原理是在气相中的污染物通过膜向液相一侧扩散的过程中，生物膜吸收气体并将其分解为CO_2、水和无机盐等。这一方法对低水溶性气体净化效果较好，如甲苯的处理效率能达到95%，二甲苯的处理效率能达到92%。目前，膜生物反应器处理方法是所有废气处理方法中最具发展潜力的一种。

目前常用于废气处理研究的膜材料有微孔膜(疏水性复合膜)和致密膜。

但是这一工艺目前尚处于研究阶段，运用于实际生产的并不多。从目前认知来说，与传统生物法相比，膜生物反应器的优点在于降解效率高、运行稳定、停留时间少、体积小等，其缺点在于生物膜价格昂贵、生物膜污染等问题。生物膜的昂贵有望通过扩大膜的选材范围、优化生产工艺和量产以降低单位成本的方法逐步解决。

3.3.4 畜禽养殖废气处理工艺设计及运行参数

1. 气体流量和气体流向

气体流量是指废气进入废气处理系统的速度，它取决于处理系统处理废气的效率，针对不同的处理要求，通过调整气体停留时间来确定。一般来说，同一类处理装置，气体停留时间越短，处理效果越差。此外，随着反应的进行，处理系统的转化效率逐渐下降，其处理速率也逐步下降，需要延长处理时间或更换活性物质来解决。一般来说，提供气流的风机一般安装在反应器的前面，偶见风机安装在反应器后的情况，这样设置的目的在于更好地混合和稀释废气，以减少恶臭性气体对周围居民的影响。

废气通过填料的流向也对废气的去除有重要的影响，一般来说，典型的横流或逆流流动配置的洗涤器去除率高于同流洗涤器。理论上，逆流生物过滤器去除效率最高，因为它们以整个洗涤器中液相和气相的浓度差来增大吸收的平均驱动力，这一方式在挥发性有机物、烷烃类等难溶性废气处理中尤为重要。然而，与横流相比气液逆流增大了压降，逆流生物过滤器需要更大功率的风机以克服压降带来的影响，增加了设备和电力投入。

2. 气液比和滴流密度

生物滴滤器的液体流量是重要的运行参数，决定了反应系统的气液比。对于颗粒物的去除来说，所需要的气液比是在生物滴滤器设计时就已经确定的系数。而对于废气的吸收来说，所需要的气液比一般根据处理废气的种类决定。在实际生产中，气液比的最小比率一般为 1.1～1.7 之间，化学和生物空气洗涤器需要的滴流密度在 1.7～2.2 $m^3/(h \cdot m^2)$之间。而大多数生物滴滤器设计的滴流密度较低，约为 0.8 $m^3/(h \cdot m^2)$。化学空气洗涤器通常以较高的滴流密度运行，大约为 10 $m^3/(h \cdot m^2)$。

3. 填料选取

微生物在生长过程中会自发地形成菌胶团，以抵御外界的不良环境对其生长的影响，尤其在生物处理废气污染过程中微生物形成菌胶团的状况更是直接影响了污染物去除的效率。为有效稳定菌胶团且尽量维持其活力和污染处理能力，常以各种生物填料作为微生物的载体，以促进生物膜的形成，提高生物反应器的处理效率，延长菌胶团的活性时间。基于对生物填料的需求，宜选择比表面积大、孔隙率适中的材质。比表面积大的填料微生物可以生长的空间就越大，形成的生物膜面积就越大，单位体积处理效率就高。孔隙率越高，则气体污染物在其中的停留时间越短，微生物和气体污染物接触的时间就越短，处理效率就越低。相反，孔隙率太小会降低污染的去除效率，因为容易造成反应器内部堵塞和循环液断流。因此，应综合考虑比表面积和孔隙率来选择生物填料。

生物反应器在处理氨气、硫化氢等气体的过程中产生的无机酸，会酸化或腐蚀填料，影响微生物的生长和反应器的运行，因此，生物填料的耐酸、耐腐蚀能力也是填料选择时需要考虑的内容。从土壤、木屑、陶瓷、珍珠岩、沸石、火山岩、聚苯乙烯等填料的使用寿命研究中发现，有机填料的使用寿命大约 2 年，无机填料的使用寿命在 5 年左右，有机填料的使用寿命远远低于无机填料。在以上各类填料中，火山岩最耐用，可实现长达 14 年的稳定运行，并且在此期间，废气处理率没有太大的变化。因此，火山岩可以作为良好的填料。

4. pH 值的控制

每种微生物的生长都有其最佳 pH 值范围，且不同种类差异较大。然而，在氨气、硫化氢等废气处理过程中，气体被循环液吸收后，会改变循环液的 pH 值。此外，微生物在将这些污染物转化成硫酸盐和硝酸盐的过程中也会改变循环液的 pH 值，最终导致废气的去除效率逐渐降低。因此，如何调控生物反应器的 pH 值来维持生物反应器的处理效率也非常重要，可以在循环液中添加缓冲物质（如 Na_2CO_3、KH_2PO_4）来维持 pH 值的相对稳定。

3.4 气溶胶的处理

3.4.1 畜禽养殖场气溶胶来源

在现代规模化养殖场中，动物的所有生产和繁殖都在舍内进行，且整个畜舍是相对封闭的环境，特别是冬天，所有气体交换都是在人为控制活动下进行的。因此，舍内的日常管理和动物的生命活动都会影响舍内空气环境质量。在动物的生产管理过程中，如畜床和舍内地面的打扫，饲料的翻动、倾倒和搅拌，干草和粉料的分发，畜体刷拭，垫草翻动等活动均可使舍内颗粒物浓度明显增加；舍内动物粪尿中有机物的分解，产生大量的氨气、硫化氢等气体物质，如不及时排出，将使畜禽舍内有害气体浓度持续升高；另外，动物呼吸产生的湿气、饮水和舍内地面粪尿所蒸发的水分使空气中湿度增大；在日常生产和管理过程中所产生的氨气、湿气、颗粒物等为舍内气溶胶的形成提供了有利条件。

不同畜禽舍由于不同动物的养殖方式、生理特征和生活习性等差别，气溶胶的来源、成分和浓度均存在差异。例如，猪舍的颗粒物主要来源于饲养过程、养殖废弃物以及皮肤碎屑；肉鸡舍中的颗粒物主要来自落下的羽毛，粪中的矿物质以及舍内的废弃物等；兔舍中的颗粒物主要来自脱落的毛发、皮肤碎屑、粪便、尿液、饲料、垫料以及消毒剂的使用。不同气溶胶来源所形成的气溶胶颗粒物大小不同，这主要取决于气溶胶颗粒最初形成的矿质元素或者有机物内核。

畜禽养殖场气溶胶浓度受诸多因素影响，主要包括畜禽的饲养方式、饲养密度、通风方式与强度、饲喂方式、消毒剂的选用以及清粪方式等。

畜禽养殖场微生物气溶胶中，微生物的组成、浓度以及颗粒大小是决定微生物气溶胶危害程度大小的三大要素。畜禽养殖场微生物气溶胶具有以下特点：来源多、种类多、活性易变、播散广、沉积后可再生以及感染广泛。畜禽养殖场气溶胶是吸附了有害微生物和气体的颗粒物，其扩散与传播可危害舍内动物和饲养管理人员的健康以及使养殖场环境恶化。因此探明畜禽养殖场气溶胶的影响因素，评估各种影响因素的重要程度，对于减少畜禽养殖场气溶胶的产生和停留，提高畜禽生产能力，实现生态养殖，减少畜禽传染疫病的发生及其导致的经济损失，提高环境质量与保证食品安全，以及进一步减少畜禽养殖业温室气体的排放都具有重要意义。

3.4.2 畜禽养殖场气溶胶的产生规律

畜禽养殖场气溶胶成分复杂，可以造成危害的物质主要是颗粒物，以及吸附在颗粒物上的微生物和氨气等有害气体。目前国内外气溶胶的测定主要针对颗粒物、微生物和氨气进行。

1.颗粒物

颗粒物是舍内气溶胶有害微生物与气体的主要载体，目前国内外的研究中，针对畜禽养殖舍内的颗粒物测定的主要指标是总悬浮颗粒物（total suspended particulate，TSP）、可吸入颗粒物（PM_{10}）以及细颗粒物（$PM_{2.5}$）。颗粒物的危害程度主要取决于其粒径大小、表面积以及化学组成。

在使用颗粒物监测仪在蛋鸡舍以及舍周边四个风向设点处对颗粒物浓度的测定中发现，冬季蛋鸡舍中的 $PM_{2.5}$ 浓度很高，在 143.85～396.48 μg/m³ 较大范围内变动，而鸡舍外 $PM_{2.5}$ 浓度在 4.05～16.71 μg/m³ 之间变动，不同采集点颗粒物浓度有显著差异，然而，颗粒元素组成基本相同。比较而言，肉鸡舍内的 $PM_{2.5}$ 浓度要低很多，在 5.4～55.1 μg/m³ 之间。

采用漏缝地板、机械通风的育肥猪舍中的颗粒物浓度测定结果显示，舍内 PM_{10}、$PM_{2.5}$、PM_1 的平均浓度分别为 719 μg/m³、38.9 μg/m³、15.0 μg/m³，两个饲养周期浓度有显著差异。奶牛舍的 PM_{10}、$PM_{2.5}$、PM_1 浓度测定结果表明，冬季的颗粒物浓度更高，颗粒物浓度的变化和二氧化碳浓度变化有一定的相关性，和氨气浓度变化相关性最强；舍内温度的降低可明显降低 PM_{10}、$PM_{2.5}$、PM_1 浓度。

冬、春季节牛舍、猪舍和禽舍中的微生物和颗粒物浓度的比较研究中发现，冬、春季节猪舍和禽舍中的平均微生物浓度和颗粒物浓度高于牛舍；鸡舍和猪舍空气更容易被内毒素污染。

综上所述，颗粒物浓度冬季比夏季高；猪舍和禽舍比牛舍高；蛋鸡舍比肉鸡舍高；同一养殖场，不同批次之间的颗粒物浓度也可能存在显著差异。

2.氨气

在对各养殖场中氨气的分布和浓度测定的研究中发现，氨气是 $PM_{2.5}$ 的重要组成成分，在畜禽舍内的排放规律、浓度和分布受众多因素的影响。

对采用漏缝地板、机械通风的育肥猪舍中的氨气浓度进行了两个饲养周期，为期一年的测定，结果显示舍内氨气的平均浓度为 18.7 ppm。两个饲养周期的颗粒物和氨气测定结果差异显著。Philippe 等（2011）研究了影响猪舍内氨气排放的主要因素和减排措施，影响猪舍内氨气排放的主要因素为地板类型、清粪系统、舍内小环境、饲料成分和饲喂频率。

总体而言，在猪舍内，春季封闭式和半开放式猪舍内氨气浓度无明显差异；夏季不同猪舍氨气浓度差别较大，以密闭舍氨气浓度最高；冬季密闭式和半开放式猪舍中氨气浓度相近。

对奶牛舍中的颗粒物和氨气浓度的测定结果分析显示，冬季氨气的浓度较低，而且氨气的浓度变化与细颗粒物浓度变化的相关性最强。

3. 微生物

畜禽场微生物成分主要包括细菌、真菌、支原体和立克次氏体等。微生物气溶胶是动物传染病的重要传染途径与传染源。对畜禽场微生物的定量测定和减排有助于切断畜禽舍呼吸道传染病的传播，提高畜禽生产潜力。

从牛舍空气中分离的大肠杆菌、沙门氏菌与饲料垫料所测的细胞株相似性为 90%以上。同时还有研究报道称，某些畜禽传染病可以通过空气传播，如结核、口蹄疫、霍乱流感球孢子菌病等，它们的原微生物可在畜禽舍内形成气溶胶，通过空气进行传播，经呼吸系统感染人类和动物。

同时，病毒、细菌、立克次氏体、真菌也是引起人类呼吸道传染病的病原。有调查发现，畜禽养殖从业人员、医疗人员和实验室工作人员等与病原接触密切的从业人员患支气管炎、哮喘、过敏性鼻炎、肺炎和过敏性皮肤炎症等疾病的概率明显偏高。还有调查结果显示，猪场和牛场等养殖场周边的居民会经常出现头痛、流涕和腹泻等症状，且患哮喘的概率高于其他地区。人畜共患病的传播对整个社会的危害极大，因此，气溶胶的检测与控制技术亟待突破性的发展。

在山东中部 12 个畜禽舍中收集了 126 个样品，分离活性真菌粒子后得出，鸡舍（封闭式）、猪舍（封闭式）、兔舍（半封闭式繁殖舍）、牛舍（开放式）气溶胶真菌浓度分别为 2.39×10^3 CFU/m^3、2.51×10^3 CFU/m^3、1.76×10^3 CFU/m^3 和 1.66×10^3 CFU/m^3，平均中值直径(count median diameter, CMD)分别为 3.02 μm、3.52 μm、3.29 μm 和 3.39 μm。研究结果表明，相同结构的各采样中，气溶胶真菌浓度与饲养密度呈现正相关性。

在夏季技术人员对北京郊区某猪场半开放式妊娠母猪舍、密闭式保育舍、开放式生长育肥舍内空气微生物浓度、粒径分布和组成特性进行了检测。试验结果显示，保育舍中微生物浓度最高。三种类型猪舍空气中微生物检测出的优势菌为芽孢杆菌，优势真菌为青霉、毛霉和根霉，优势异养细菌包括芽孢杆菌和假单杆菌，另外还检出葡萄球菌、不动杆菌、短杆菌和棒状杆菌。比较研究发现，微生物组成与猪舍类型间没有显著相关性。

在采用自然沉降法对山东中南部一栋半开放式和两栋封闭式妊娠哺乳母

猪舍在春、夏和冬季的微生物采样与测定中发现，春季半开放式猪舍的空气菌落数显著高于封闭式猪舍；夏季密闭式猪舍空气菌落数更多；冬季半开放式和封闭式猪舍的空气菌落数无明显差异。

在1月、4月、7月、10月中旬连续三天对仔猪舍微生物气溶胶的测定结果表明，冬季的大肠杆菌浓度最高，秋季次之，春夏季节无显著差异。

综上所述，畜禽养殖场舍内微生物的含量受季节变化影响较大，也会受饲养密度的影响，但是受畜舍结构的影响较小。

3.4.3 畜禽养殖场气溶胶减排技术

畜禽养殖场气溶胶减排技术有多种，同一种技术由于条件限制并不一定适用于所有的畜禽舍，在实际生产中，需要根据畜禽种类、养殖模式、舍内配套设施等具体情况，选用适用的减排技术。

目前，有关气溶胶的研究主要集中在收集、检测、成分分析等方面。

1.气溶胶的收集技术

目前常用的收集方法包括自然沉降法、固体撞击式、液体撞击式、过滤式、离心式(气旋式)、静电式等。具体来说，其工作原理和相关设备如下。

(1)自然沉降法

其工作原理是利用微生物的重力，让所在区域的微生物颗粒沉降到含有培养基的培养皿中，通过计算菌落数和进行菌种鉴定来确定该区域内微生物的种类和数量。该方法具有易操作、成本低和无需采样器等优点，但是其采样效率低，较容易受干扰，测定浓度准确性较差。

(2)固体撞击式

其工作原理是利用泵将空气以恒定的流速通过采样器狭小的喷嘴，然后喷射在介质表面。它具备分粒径采集、效率高、应用范围广等特点。其缺点在于，对病毒采集效率低、对采样平板要求高等。

(3)液体撞击式

其工作原理是通过泵吸使气体高速通过一个狭缝时，将微生物粒子收集于缓冲液(EBSS、PBS等)中，然后对缓冲溶液进行相应的处理，以满足实验所需。该方法具有采样效率高及稳定度较好、因缓冲液对样品的保护作用而不易被破坏、可用于病毒气溶胶的采集等优点。然而，该方法不适于低浓度空气微生物采样，对于低含量的微生物，容易漏检。该方法也不适合于低温和长时间采样。该方法常见的采样器主要有 AGI-30 和 Bio-sampler 采样器。

(4)过滤式

该方法利用抽滤装置将空气中悬浮的气溶胶粒子抽吸至采样头，通过沉降、碰撞等方式将其截留在滤膜上。此方法采集效率高、携带方便，因此被较广泛应用。其缺陷在于：在潮湿环境中不太适用，因为长时间潮湿的环境会损害采集设备而影响效率和准确性；采样气体含量不稳定；对采集样本中的微生物活性有一定影响。在研究中常见的采样器有玻璃纤维滤膜、聚四氟乙烯过滤式采样器。

(5)离心式(气旋式)

该方法是基于离心冲击原理，借助蜗壳内的叶轮高速旋转，使带菌粒子由于重力作用而偏离气体流线，冲击到采样介质表面。其优点主要为采集效率高、携带方便、结构简单、体积小。常见的采样器有 LWC-1、Reute 离心式空气采样器、RCS、Bio-Guardia 采样器。

(6)静电式

该方法原理是利用空气中微生物自带的电荷，在电场力的作用下使带电粒子运动轨迹发生偏移，从而落在采样介质上。其优点在于粒子捕获效率高、采集的空气标本容量大、采集粒谱范围广、微生物活性稳定性好等，缺点在于采集范围存在局限性。常见的采样器有 EPSS、静电沉降器等。

目前以 Andersen 采样器应用最为广泛，被国际空气微生物学会认定为检测空气微生物粒子的标准采样器。

2. 微生物气溶胶检测方法

目前国内外微生物气溶胶检测方法有很多，大致可分为两类：培养法和非培养法。

(1)培养法

培养法用于微生物气溶胶中微生物的定性和定量检测，其原理是将采集的空气样本在特定的培养基上培养，并应用显微镜计数法进行数量统计。该方法中的特定培养基主要是选择性培养基，视检测目标而定。该方法因成本低、易操作，故应用比较广泛，却存在耗时、耗力的缺点，且只能检测可人工培养的微生物。然而，到目前为止，气溶胶中可人工培养的微生物却不足 10%，这一方法会漏检绝大部分菌种，且由于筛选目的不同而确定的选择性培养基进一步限制了检出率的提高。

(2)非培养法

非培养法是以气溶胶样本中的微生物基因组为基础进行研究的方法。与培养法比,此方法的主要优点在于能较全面地反映出畜禽舍内气溶胶的微生物多样性。根据实验手段不同,该方法包括基于 PCR 检测的实时荧光定量 PCR 法、变性梯度凝胶电泳法(DGGE)、脉冲场凝胶电泳法(PFGE)、末端限制性片段长度多样性分析方法(T-RFLP)、16S rRNA 基因克隆文库分析法及高通量测序技术等分子生物学检测方法,以及不基于 PCR 检测的 DNA 微阵法、荧光显微镜计数法、Biolog 微平板法。

以上方法中,目前最常用的是高通量测序法,这一方法可以一次对几十万到几百万条 DNA 进行序列测定,且能对样品中微生物物种组成进行量化处理,能更精确地反映出样本中各物种的丰度,并直观地体现出不同样本间微生物群体结构的差异。

3. 畜禽养殖舍内气溶胶减排技术

目前畜禽舍内的气溶胶减排技术主要包括空间电场除尘技术、喷油除尘技术、臭氧空气净化技术、稀酸喷雾技术以及中效过滤技术。空气消毒技术可用于短时间内减少气溶胶中微生物的数量。

(1)空间电场除尘技术

空间电场除尘是一种充分利用空间电场生物效应的技术。有研究人员利用该技术对封闭型仔猪保育舍和笼养蛋鸡舍中的颗粒物和空气微生物去除效果进行了检测,结果发现在仔猪保育舍和笼养蛋鸡舍上空间和粪道布设禽舍空气电净化防病防疫系统中,空间电场除尘效率为 70%~94%,去菌效率为 50%~93%,其中粪道内的空间电场净化效率远高于舍内上空间。

(2)喷油除尘技术

该技术是通过在畜舍内喷洒一定浓度的植物油水混合物,或者在饲料中添加一定量的动物脂肪,以降低舍内的颗粒物浓度。

这一方法在 2000 年前后国内外的研究中均有报道。如美国 Pedersen 等的研究表明,在猪舍内喷植物油如大豆油、菜籽油,或者在妊娠猪舍喷油水混合物可以显著降低舍内颗粒物浓度。Jabcobson 等的研究表明,在保育猪舍内喷洒大豆油,可明显降低舍内可吸入性颗粒物浓度,并使臭气浓度降低 62%,H_2S 浓度降低 55%~65%,但舍内的氨气浓度并没有受到影响。Lemay 等的研究表明,在生产育肥猪舍喷洒菜籽油可以减少舍内 79%的颗粒物，可吸入性颗粒物浓度降低 80%。研究发现，在饲料中添加 4%的动物脂肪可以显著降低断奶仔猪舍和育肥舍中 40%～60%的可吸入性颗粒物浓度。

然而，这一技术也存在一定问题，即当油的使用量使颗粒物浓度降低 50%时，会增加饲料中 5%的脂肪含量，而且舍内油类物质的增加可能会增加细菌的滋生，从而增大舍内清洗消毒的难度。

(3)臭氧空气净化技术

有研究认为，臭氧作为空气消毒灭菌，可以大幅降低液体废弃物中的臭气浓度，并能有效降解由粪便所产生的氨气和硫化氢等气体，创建一个清新的饲养环境，阻断空气中病源微生物的繁殖，使畜禽健康成长。

也有学者在净化犊牛舍空气方面进行了研究，发现臭氧可以去除舍内约 50%的细菌菌落，犊牛呼吸道发病率和死亡率明显下降。然而，蛋鸡舍中臭氧去除氨气试验研究结果却表明，舍内臭氧技术的使用对氨气浓度和排放并没有明显影响，相反，在使用后会增加 PM_1 的产生。Wang 等研究也证实在冬季使用臭氧空气净化技术的蛋鸡舍中，TSP 和 PM_{10} 浓度明显高于对照舍。

由此可见，臭氧空气净化技术在净化舍内空气时存在不可控性，尤其是对于禽舍。

(4)稀酸喷雾技术

该技术是通过在舍内喷入雾状弱酸性物质，以中和环境中的氨气和总颗粒物质。有人对 6—7 月份的生猪舍进行了稀酸喷雾研究。试验采用的喷雾是 pH 值为 5.5 的硫酸。研究表明，喷雾后舍内氨气浓度从 8～10 ppm 降低到1～2 ppm，可吸入性颗粒物从 1 mg/m^3 降低到 0.28 mg/m^3，总颗粒物量从 2.7 mg/m^3降低到 1.2 mg/m^3，同时使猪的体重相比于控制舍在 39 d 中平均增加了 12%，也减少了猪场气体环境对工人肺部的损伤。

美国北卡罗来纳州立大学有研究者指出，微酸性电解水也可以有效地控制病原微生物，原理是其中的氧化剂可以中和一部分其他的污染物。但这种很有前景的技术目前只有小范围测试，推广仍需大范围试验研究。而且，这一技术在使用过程中，对畜禽和养殖工人的皮肤及舍内各种设备会不会造成损害，目前尚无定论，需要进一步研究以确定该技术的安全性。

(5)中效过滤技术

为了改善舍内气溶胶环境，有研究者试图通过改进养殖场的进气系统，在进风口增加中效过滤系统，结果显示中效过滤系统对外源性 TSP 过滤效率达

75%,可吸入颗粒物的过滤效率为30%,微生物过滤效率达90%。而实际上,更多的废气、颗粒物质和微生物都属于内源性的,因此在鸡的生产性能上,有并不显著的提高,具体来说,雏鸡生长速率提高2.5%～25.5%,均匀度提高4%～20%,死亡率下降1%。

目前国内关于畜禽舍排风区的空气质量控制方法和设施的研究比较少,关于气溶胶的扩散控制的研究则更少。关于养殖场废气扩散的研究主要集中在针对恶臭性气体方面。有研究团队建议通过加宽绿化带,或者增加以活性炭为主要组分的吸附性墙体来吸收恶臭性气体。2000年董红敏等在纵向通风蛋鸡舍的排风口设置了生物质挡尘墙,这一挡尘墙以秸秆与杂草作为主要材料,应用后检测结果显示,该挡尘墙并不影响鸡舍通风系统的通风效果,然而挡尘墙内侧的颗粒物浓度明显降低,PM_{10}浓度下降46%,TSP浓度下降42%。而在墙外,臭气浓度则比墙内约降低了一半。这一下降可能与墙内风速的降低(12%)有关,风速的降低以及风向的转变促进了颗粒物的沉降,从而有效减少了舍与舍之间的交叉感染。该研究团队认为,生物质挡尘墙适合推广用于纵向通风畜禽舍。然而,这一方法却并没有获得广泛的推广。

3.4.4 存在的问题与不足

目前国内外对畜禽养殖场气溶胶的来源、危害、浓度和减排技术进行了较多的研究,然而还存在以下问题与不足。

目前,关于气溶胶减排的各种技术均有各自的缺点,如:臭氧除尘技术中的臭氧容易伤害畜禽皮肤和免疫系统;喷油除尘技术并不能去除氨气,而且会导致微生物的进一步滋生;稀酸喷雾技术可能对动物皮肤和舍内设备造成一定的损害;空间电场技术有效去除颗粒物、氨气和微生物的同时却具有使用条件的局限性,如在半封闭和开放式养殖场使用效果极差。鉴于以上不足,目前并没有比较成熟的技术适用于我国规模化养殖场的气溶胶减排,需要进一步拓宽思路,开发新的方法,或进行原有方法的技术改进或优化,以适应不同养殖场的需求。

4 畜禽粪肥肥源化产物的生态循环利用

畜禽粪肥中含有大量的有机质、氮、磷等植物生长所需的营养元素，但是由于种植业和养殖业的分离、粪污处理利用方式不当等原因，畜禽粪便中的营养元素（包括有机质、氮、磷等）利用并不充分。与化肥相比，使用畜禽粪便制作而成的有机肥的有机质含量高、营养元素更加齐全。通过微生物的分解可缓慢释放氮、磷等营养素，进而使粪肥肥效更加持久。另外，畜禽粪污中含有的有益微生物还具有抑制有害病菌的生长繁殖，改良土壤的作用。如果这些营养元素能够得到有效利用，不仅可以大幅减轻畜禽养殖场粪污处理的压力，还能降低化肥使用量。以种植业消纳畜禽粪污，以养殖粪污提升种植业产量和品质，可实现种养殖业的双赢发展。为了推进畜禽粪污的资源化利用，国家出台了一系列文件推进畜禽废弃物的肥源化利用。如农业部关于印发《畜禽粪污资源化利用行动方案（2017—2020）》的通知（农牧发〔2017〕11 号），在第一章中也列举了相关的畜禽粪污利用政策，从这些文件中可以看出国家大力提倡畜禽粪污的还田利用。

4.1 不同规模养殖场畜禽粪肥产生量核算

畜禽粪肥产生量的准确核算不仅有助于畜禽养殖场在规划建设阶段，合理设计收集、处理、肥源化相关设施设备的规模；同时还有助于养殖场在实际运营过程中合理预估畜禽粪便产生量，以合理安排生产计划。

畜禽粪肥产生量可由畜禽粪便日排泄系数、畜禽养殖量、饲养天数等计算。畜禽粪便日排泄系数与畜禽种类、品种、饲养阶段、养殖管理工艺、气候、季节、饲料等多种因素有关。不同养殖场之间会有一定的差异性。

中国农业科学院农业环境与可持续发展研究所、中国农业大学等单位的学者，整理了全国各个地区相关的研究报道，发现全国范围内对畜禽排泄系数的研究均表明其存在较大差异，各种畜禽排泄系数取值的变异系数范围为13.53%～40.02%。

(1)畜禽粪尿产生量核算

为了研究方便，我国大多数学者在研究畜禽粪尿的产生量时，通常采用国家环境保护总局公布的畜禽粪尿日排泄系数数据。本书也将采用该系数进行畜禽粪便排放量的估算。畜禽养殖数量的计算以平均饲养周期为计算依据，即牛、羊等饲养周期满一年的畜种，以存栏量计算，猪、家禽等饲养周期不足一年的畜种以实际出栏量计算。不同畜种的粪便日排泄系数如表 4-1 所示。

表 4-1 各类畜禽粪便日排泄系数(kg/d)

项目	牛(头)	猪(头)	羊(只)	家禽(只)
粪	20.0	2.0	2.6	0.125
尿	10.0	3.3	—	—

畜禽粪便年产生量(t/a)＝畜禽存、出栏量×各类畜禽粪便日排泄系数×365/1000

(2)畜禽粪便中肥效元素平均含量

由于畜禽的饲料结构、饲料在动物体内的消化程度、消化时间等多种因素影响，不同种类畜禽的粪便中所含肥效元素种类及含量也存在一定的差异。2002 发布的《全国规模化畜禽养殖业污染情况调查技术报告》中各类畜禽粪尿污染物平均含量值如表 4-2 所示。

表 4-2 畜禽粪尿中污染物含量(mg/L)

种类	COD	总氮	总磷
牛粪	31.0	1.18	4.37
牛尿	6.0	0.40	8.0
猪粪	52.0	3.41	5.88
猪尿	9.0	0.52	3.3
羊粪	4.6	2.6	7.5
家禽粪	45.7	5.8	10.4

污染物产生量(t/a)＝畜禽粪便年产生量×畜禽粪便污染物含量/1000

(3)以猪当量换算不同畜种的粪污中氮、磷含量由于不同畜种的粪便肥效元素含量差异较大，直接按不同畜种来估算一个养殖场所产生的粪污，再计算被农作物合理消纳所需的农田面积比较复杂。为了更加简便地估算，我们一般将各类畜禽养殖量统一换算成猪当量。

各类畜禽粪便猪粪当量＝各类畜禽粪便年产生量×换算系数

2018 年《畜禽粪污土地承载力测算技术指南》公布的各类畜禽粪便猪粪当量换算系数如下所示：

1 个猪当量的氮排泄量为 11 kg，磷排泄量为 1.65 kg。按存栏量折算：100 头猪相当于 15 头奶牛、30 头肉牛、250 只羊、2500 只家禽。生猪、奶牛、肉牛固体粪便中氮素占氮排泄总量的 50%，磷素占磷排泄总量的 80%；羊、家禽固体粪便中氮（磷）素占 100%。

综合考虑畜禽粪污养分在收集、处理和贮存过程中的损失，单位猪当量氮养分供给量为 7.0 kg，磷养分供给量为 1.2 kg。

原国家环境保护总局公布的畜禽粪便日排泄系数数据将固体和液体部分进行了区分，与农业农村部的有细微差别，但不大，具体见表 4-3。

表 4-3　各类畜禽粪便猪粪当量换算系数

项目	猪粪	猪尿	牛粪	牛尿	家禽粪	羊粪
氮（%）	0.7	0.33	0.45	0.8	1.37	0.8
换算系数	1.0	0.51	0.69	1.23	2.1	1.23

（4）畜禽养殖场与种植基地的高效种养结合

由于畜禽粪便中含有大量的肥效元素（N、P、K）等物质，合理利用将是农田中优质的肥料，不合理利用将对环境造成污染。畜禽粪污在农田利用过程中需要按作物需肥量科学合理施用，避免不合理施用对农作物造成危害。

①不同农作物的需肥量

关于不同农作物对养分的需求量，目前已有大量的研究，但不同学者之间的结果有一定差异。为了方便农户，《畜禽粪污土地承载力测算技术指南》对常见作物的需肥量进行了推荐，见表 4-4。由于不同地区的农作物产量有一定的差异，该推荐表以百千克经济产量所需养分量来表示，它是指形成百千克农产品时该作物必须吸收的养分量。我们在计算的时候，应该根据当地的实际情况，预估农作物的产量。应当指出，该表中推荐的值包括了百千克农产品及相应的茎叶所需的养分。例如百千克小麦籽需氮量为 3 kg，如果谷草比为

1∶1,则此需氮量包括了百千克麦粒与百千克麦秆的需氮总量。

表 4-4 不同植物形成 100 kg 产量需要吸收氮磷量推荐值

作物种类		氮/N(kg)	磷/P(kg)
大田作物	小麦	3.0	1.0
	水稻	2.2	0.8
	玉米	2.3	0.3
	谷子	3.8	0.44
	大豆	7.2	0.748
	棉花	11.7	3.04
	马铃薯	0.5	0.088
蔬菜	黄瓜	0.28	0.09
	番茄	0.33	0.1
	青椒	0.51	0.107
	茄子	0.34	0.1
	大白菜	0.15	0.07
	萝卜	0.28	0.057
	大葱	0.19	0.036
	大蒜	0.82	0.146
果树	桃	0.21	0.033
	葡萄	0.74	0.512
	香蕉	0.73	0.216
	苹果	0.3	0.08
	梨	0.47	0.23
	柑橘	0.6	0.11
经济作物	油料	7.19	0.887
	甘蔗	0.18	0.016
	甜菜	0.48	0.062
	烟草	3.85	0.532
	茶叶	6.4	0.88

续表 4-4

作物种类		氮/N(kg)	磷/P(kg)
人工草地	苜蓿	0.2	0.2
	饲用燕麦	2.5	0.8
人工林地	桉树	3.3 kg/m²	3.3 kg/m²
	杨树	2.5 kg/m²	2.5 kg/m²

②不同作物施用粪肥时，单位土地种植作物粪肥需求量估算

单位土地养分需求量为规模养殖场单位面积配套土地种植的各类植物在目标产量下的氮(磷)养分需求量之和。单位土地(种植作物)粪肥养分需求量，可根据单位土地养分需求量、施肥供给养分占比、粪肥占施肥比例和粪肥当季利用率测算，计算方法如下：

$$\text{单位土地粪肥养分需求量}=\frac{\text{单位土地养分需求量}\times\text{施肥供给养分占比}\times\text{粪肥占施肥比例}}{\text{粪肥当季利用率}}$$

各类作物的目标产品可以根据当地平均产量确定。施肥供给养分占比可根据农户对土壤中氮(磷)养分检测后的分级确定，不同氮磷养分水平下的推荐值见表 4-5。粪肥占施肥比例可以根据当地养殖场和种植基地的实际情况确定。粪肥中氮素当季利用率推荐值一般为 25%～30%，磷素当季利用率推荐值为 30%～35%，具体数值可以根据当地实际情况确定。

表 4-5　土壤不同氮磷养分水平下施肥供给养分占比推荐值

土壤氮磷养分分级		Ⅰ	Ⅱ	Ⅲ
施肥供给占比		35%	45%	55%
土壤全氮含量(g/kg)	旱地(大田作物)	>1.0	0.8～1.0	<0.8
	水田	>1.2	1.0～1.2	<1.0
	菜地	>1.2	1.0～1.2	<1.0
	果园	>1.0	0.8～1.0	<0.8
土壤有效磷含量(mg/kg)		>40	20～40	<20

③养殖场粪污被农作物合理安全消纳所需农田种植面积计算

为了分析某个养殖场配套的农田面积是否够用，避免粪肥资源化利用时

养分超标状况，参考《畜禽粪污土地承载力测算技术指南》，根据农作物对肥效元素的需求、畜禽粪污中肥效元素的含量，建立了养殖场一年的粪污产生量，合理资源化利用所需配套的作物种植面积与畜禽存出栏量之间的关系公式：

$$\text{需配套作物种植面积}=\frac{\text{畜禽存出栏量}\times\text{畜禽氮(磷)排泄量}\times\text{养分留存率}\times\text{当季利用率}}{\text{作物单位面积产量}\times\text{单位产量养分需求}\times\text{施肥供给养分占比}\times\text{粪肥占施肥比例}}$$

利用该公式计算了1万头猪场、500头肉牛场、1万只蛋鸡场、5万只肉鸡场和5000只羊场等养殖场粪污被农作物合理消纳所需配套农作物的面积。农田所种作物选择湖北地区常见的农作物，包括：水稻、玉米、马铃薯、大豆、棉花、茶叶等。养分留存率取65%，当季利用率取30%，施肥供给养分占比取35%，粪肥占比取100%。各个畜种的氮产生量按如下标准进行折算：1头猪为1个猪当量。100头猪相当于15头奶牛、30头肉牛、250只羊、2500只家禽。1个猪当量的氮排泄量为11，综合考虑畜禽粪污养分在收集、处理和贮存过程中的损失，单位猪当量在计算时氮养分供给量取7.0。最终计算结果见表4-6。

表4-6 养殖场需配套农田面积

作物	形成100 kg产量所需氮(kg)	作物预期产量(kg)	生猪(1万头)	牛(500头)	蛋鸡(1万只)	肉鸡(5万只)	羊(5000只)
水稻	2.2	600	2462.12	410.29	98.48	82.07	492.42
玉米	2.3	600	2355.07	392.46	94.2	78.5	471.01
马铃薯	0.5	1500	4333.33	722.12	173.33	144.44	866.67
大豆	7.2	250	1805.56	300.88	72.22	60.19	361.11
棉花	11.7	300	925.93	154.3	37.04	30.86	185.19
茶叶	6.4	150	3385.42	564.16	135.42	112.85	677.08

④每亩农田所需粪肥计算

为了指导小规模种养殖户合理利用粪肥，我们根据不同作物需肥量计算了每亩农田作物到底需要施用多少粪肥。首先参考《畜禽粪污土地承载力测算技术指南》，建立了每亩农田作物需肥量与粪肥量之间的关系。计算时养分留存率取65%，当季利用率取30%，施肥供给养分占比取35%，粪肥占比取

100%。对沼液、猪粪、牛粪、羊粪、鸡粪等中的总氮进行了分析。根据作物的养分需求计算了每亩作物所需的粪污的量。计算结果见表 4-7,从表中可看出,每亩水稻如施用猪粪,可消纳 2.62 t。

$$每亩沼液(粪污)施用量=\frac{单位面积产量\times单位产量养分需求\times施肥供给养分占比\times粪肥占施肥比例}{沼液(粪污)中肥效元素含量\times当季利用率}$$

表 4-7 每亩作物所需的粪污的量

	形成 100 kg 产量所需氮(kg)	作物预期产量(kg)	沼液(t)	猪粪(t)	牛粪(t)	羊粪(t)	鸡粪(t)
水稻	2.2	600	8.11	2.62	3.52	2.05	1.57
玉米	2.3	600	8.47	2.74	3.68	2.15	1.64
马铃薯	0.5	1500	4.61	1.49	2	1.17	0.89
大豆	7.2	250	11.05	3.57	4.81	2.8	2.13
棉花	11.7	300	21.55	6.96	9.37	5.46	4.16
茶叶	6.4	150	5.89	1.9	2.56	1.49	1.14

注:表中沼液、猪粪、牛粪、羊粪、鸡粪的氮含量分别为 1.93g/L、5.88g/kg、4.37g/kg、7.5g/kg、9.84g/kg。

4.2 有机肥(粪肥)的优点

1. 有机肥(粪肥)相较于其他肥营养更加丰富

有机肥(粪肥)是畜禽粪污经过特殊处理后的一种肥料,含有 N、P、K 等营养元素和 Ca、Mg、B、Zn、Mn、Mo 等中微量元素,是一种营养元素比较均衡的肥料。该肥料中氮、磷、钾总含量一般可超过 8%,但要低于其他化肥的肥效元素含量。有机肥(粪肥)在土壤中微生物的作用下,肥效元素会缓慢释放,肥效持久。

2. 有机肥(粪肥)能够改善土壤

有机肥能调整土壤的“三相”组成,改善土壤水、肥、气、热条件,降低土壤容重,提高土壤的总孔隙度,改善土壤的物理性状,进而提高了土壤保水保肥的能力,使其具有蓄水、节约用水、减少水分流失与蒸发、减轻干旱的特性。另外还具有减少化肥施用、减轻盐碱损害、调理土壤、激活土壤中微生物、避免土壤板结、提高土壤空气通透性的作用。

3. 土壤中的有益微生物含量高

有机肥(粪肥)施用进入土壤后,不仅能为土壤提供大量的有益微生物,而且肥料中的多种有机介质可以促进土壤中功能性微生物的生长繁殖,并产生大量有利于农作物的次生代谢产物,直接或间接为作物提供多种营养和刺激性物质,促进和调控作物生长。微生物通过生命活动产生的有机酸类物质可以活化土壤中的矿质养分,促进植物对矿质元素的吸收。另外有机肥(粪肥)可以在作物的根系形成优势有益菌群,抑制土壤中的有害病原菌繁衍,增强作物抗病性和抗逆性,减少作物的土传性病害,降低发病率。

4. 施用有机肥(粪肥)能显著提高土壤中各种酶的活性

陈清等的研究结果表明:在施用有机肥作基肥的基础上,适量追施化学氮肥可以提高土壤表层的脲酶、过氧化氢酶活性,而不同有机肥对土壤表层过氧化氢酶活性的影响效果不同。孟娜等的研究也说明施用有机肥能显著提高土壤磷酸酶活性。

有机肥(粪肥)的施用,可以改善作物农艺性状,使作物的茎秆粗壮,叶色更加浓绿,并且使开花提前,座果率高,粒度均一,果实商品性好。有机肥的施用还可以提高所种植农产品品质,具体表现为:果品色泽鲜艳、个头整齐、成熟集中;瓜类农产品含糖量、糖酸比、维生素含量都有提高,口感好。

4.3　有机肥(粪肥)过量施用后的危害

虽然有机肥(粪肥)中含有大量的肥效元素,但过量施用也容易对农作物造成一定的危害。并且不同元素的过量对农作物的危害并不一样。

1. 氮过量对农作物的影响

氮是农作物生长过程中非常重要的营养元素之一,也是提高作物产量的最重要的营养元素,大量的研究结果表明,在农作物生长过程中,氮肥施用量的高低直接影响农作物的生长和最终产量,同时也显著影响农作物的生理代谢。

在氮肥施用中,一定要根据生产需要确定最佳的氮肥施用量。大量试验研究表明,不同作物种类均有一个适宜的氮肥施用量范围,在这个范围内,随着氮肥施用量的增加，作物的产量会有一定量的增加，但是氮肥施用过量后，氮肥施用后的增产效果并不显著。

另外，过多的氮肥施用量会导致农作物生理失调，代谢紊乱，部分作物如白菜植株内的亚硝酸盐含量会显著升高，但是由于亚硝酸盐对人体有害，所以应当尽最大可能降低作物体内的亚硝酸盐含量，这就需要控制施用氮肥，或者采取平衡施肥、定量施肥的方式来提高产量。

农作物的不同器官对氮肥敏感程度也存在一定的差异，大量试验结果表明，氮肥对作物营养器官的促生长作用最为明显，特别是对叶片和根系。以作物的叶片为例，施用氮肥后，叶片面积会显著增加，从而显著增加叶片的光合面积，由此也可以显著促进作物光合产物的积累。而对于园林景观植物来说，氮肥施用量增加，增大了叶片面积，也会有效提高绿地覆盖率。对于叶菜类作物而言，氮肥施用量高低直接影响农作物叶片的生长，提高氮肥的施用量可以有效提高叶菜类作物的产量。具体表现为从外观上来看，叶菜类作物叶片面积显著增加，叶片颜色更加鲜艳，商品品质更好。

根系是氮素营养的直接吸收器官，受氮元素的影响较大，从根系干重变化上来看，氮肥对根系生长的促进效果仅次于对叶片的，部分对氮肥敏感的作物根系干重增加幅度可以达到10%以上。

氮素营养对农作物生殖器官的影响相对于营养器官来说小很多，试验研究证明，施用氮肥有时甚至会阻碍作物的生殖生长，这种现象在番茄栽培中尤为常见。部分研究结果表明，当氮肥施用量达到150 kg/hm^2 后，番茄的产量会降低5%以上，分析认为，这可能是因为施用氮肥促进了番茄的营养生长，从而导致营养生长和生殖生长协调性变差，进而导致番茄产量降低。因此，对于以生殖器官作为主要产品的农作物而言，氮肥的施用量必须适度。对于以收获叶片为主的作物而言，氮肥的增产效果非常明显，施用氮肥的经济效益也比较显著。

2.磷过量的危害

施用过量磷，会使作物从土壤中吸收过多的磷素营养。过多的磷素营养会促使作物呼吸作用过于旺盛，消耗的干物质大于积累的干物质，造成繁殖器官提前发育，进而引起作物过早成熟，籽粒小、产量低。

另外，磷的施用过量后，还会造成土壤中的硅被固定，不能被作物吸收，从而引起作物缺硅，特别是对喜硅的禾本科作物的影响尤为明显。如喜硅作物水稻，若土壤中的硅被固定，导致水稻不能从土壤中吸收到适量的硅元素，就容易引发茎秆纤细、倒伏及抗病能力差等缺硅症状。

再者，适量施用磷肥，会促成作物对钼的吸收，但过量施用磷肥，却会使磷和钼失去营养平衡，影响作物对钼的吸收，表现出“缺钼症”。

3. 重金属和盐分积累问题

畜禽养殖废物中含有一定量的重金属和盐分等物质，这些重金属和盐分会存留在粪便中，如果不加以适当处理或控制用量，长期大量施用则会造成土壤重金属污染、盐分累积和作物重金属含量超标。

当重金属超标时，重金属会长期滞留、渗入植物根系，对植物生长有严重抑制作用，造成农产品减产和品质下降。同时，重金属超标地块的作物被人体长期过量食入，也会引起神经系统、免疫系统和骨骼系统病变。为了控制重金属污染问题，我国于 2010 年颁布的《畜禽粪便还田技术规范》(GB/T 25246—2010)，明确了原粪还田的重金属限量规定，2019 年在《畜禽粪便堆肥技术规范》(NY/T 3442—2019)中，又对砷、汞、铅、镉、铬等 5 种重金属限量作了新的补充。

4. 过量施用粪肥或施用未经腐熟粪肥的危害

畜禽粪便中可能含有较多的病原菌、虫卵、草籽等，如果未经严格的发酵处理杀死其中的病原菌等有害物质，可能会引起农作物病、虫、草害；甚至可能通过农作物传播一些对人类健康有损害的病原微生物。另外，未经发酵腐熟的畜禽粪便，施用到农田以后，会在农田中进行二次发酵，产生热量，对农作物的根系造成损伤，因此粪肥必须经过严格处理后才能还田使用。

对于有机肥而言，如果施用量过大，当营养元素的量超过农作物的生长需求时，一方面会在农田中直接造成肥害，影响植株生长，甚至毁苗；另一方面土壤中的氮素硝化作用会增强，造成土壤中硝态氮的积累，进而导致植株中硝酸盐含量增加。而有些以秸秆制成的有机肥碳氮比很高，施入土壤后由于微生物活动的需要将与作物争氮，又会引起氮素不足。

5. 抗生素残留问题

畜禽养殖场在养殖过程中，为了预防或者治疗动物的疾病和促进动物生长，经常会用到兽用抗生素。这些抗生素一部分会被动物吸收，另外，30%～90%的抗生素或代谢产物会通过粪便和尿液的形式排出体外。抗生素随畜禽粪污进入到土壤、水和空气等环境介质中，会在农田、土壤环境、水体环境、空气等中的植物、动物、微生物等各个环节发生一系列的转化。

目前，在畜禽粪污中检出的抗生素主要包括四环素类、磺胺类、氟喹诺酮类等，但检测的浓度一般较低，环境中的抗生素浓度可能并不足以引起生物急性毒性效应。但我们应该注意的是，长期暴露在低浓度的抗生素环境条件下，可能会对生物产生不良影响。如在被抗生素污染的土壤中生长的植物会直接吸收抗生素并在体内累积，并产生一定危害，如高浓度恩诺沙星会抑制蔬菜主根、胚轴及子叶的生长，减少叶片数量。另外，虽然抗生素对植物产生的危害不大，但是这些抗生素如果通过食物链进入人体，有可能会对人体产生不良影响。

4.4 有机肥的合理施用法

有机肥是指畜禽粪便、农作物秸秆等动植物残体在特定功能微生物的作用下经过无害化处理、腐熟等过程而形成的一类肥料。该类肥料中含有大量的有机质、氮、磷、钾等作物生长所需的营养元素。

自制有机肥的正确施用方法一般有三种。一是作为农作物的基肥施用。一般在作物播种前翻地时将有机肥料施入土壤作为底肥。要求在翻地时，将有机肥料均匀施用到农田土壤表层，然后耕入土中。二是在作物育苗时作为育苗肥施用。一般是在沙土中加入10%左右的有机肥料，然后加入适量的化肥，混合均匀后作为育苗营养土使用。三是作为营养土。温室、塑料大棚中常常种植蔬菜、花卉等高经济价值的作物。为了获得较好的经济收入，除了充分满足作物生长所需的各种条件外，还可在作物的营养土中加入有机肥料，作为供应作物生长的营养物质。

(1)有机肥施用的注意事项

一是有机肥应与化肥配合施用。一方面有机肥并不能完全满足作物生长的营养元素所需，另外有机肥中的肥效物质分解慢、肥效迟，所以农田施肥时一定要配施一定量的化肥，起到相互补充、合理搭配的目的。二是有机肥一定要充分腐熟。未经充分腐熟的有机肥常带有病菌、虫卵和杂草种子，因此对于农户自己堆沤发酵的有机肥可以加入一定量的辛硫磷等杀虫、杀菌剂后再施用。另外，没有经过充分腐熟的粪便直接施入土壤，则可能在农田中二次发酵出现烧种烧苗的危险。

(2)沼液

沼液是畜禽粪污、农作物秸秆等农业有机废弃物,经沼气工程、黑膜沼气工程等厌氧发酵后的液体产物。它的颜色一般呈棕褐色或黑色。一般无刺鼻性气味,pH 值在 6.8～8.5 之间。

①沼液的优点

沼液的营养元素比较丰富,研究表明沼液中含丰富的氮、磷、钾、氨基酸、植物生长素、有机质、腐殖酸,以及铜、铁、锌等多种植物生长所需的微量元素。沼液施用到土壤中,可以促进土壤团粒形成,减小土壤容重,提高土壤孔隙度及疏松度,从而促进作物的生长与发育。另外,施用沼液后还可以抑制土壤中的病原菌。研究表明,沼液对土壤中的病原菌(包括立枯丝核菌、雪腐镰刀菌、尖孢镰刀菌、茄腐镰刀菌、核盘菌等)均有明显的抑制作用。

②沼液施用要点

沼液一定要按作物生长需求进行施用,在农田施用时应该制订严格的沼液施用计划,避免过量施用导致作物过度生长,反而影响作物的产量。沼液应该优先用于作物的底肥,并且在施用时严格控制多点均匀撒施,并在施用后尽快进行翻耕,保证土壤均匀吸收。由于沼液中的营养元素一般比较丰富,在作物的追肥期施用时应该兑一定比例的水后再施用,一般沼液与水的兑施比例应该控制在 1∶1 以上。

在施用时切忌单点施肥,该方式施肥很容易导致施用不均匀,并且该方式容易引起喷施口处作物烧苗;施用时应该严格控制施用量,以水田水不外溢、旱地不产生地表径流为最大施用量;另外作物在生长期间施用时,宜选择晴天下午施用。下雨前或下雨时应该严格控制施用,且严防沼液外溢。再者沼液的营养不一定能满足作物的生长需求,应该根据作物生长需求合理补施一定量的磷钾肥。

③沼液施用禁忌

一忌发酵不充分。当沼液发酵不充分时,沼液中的有机质会在农田中再次发酵释放一定量氨气并产生热量,造成氨害或烧根,高温天气该现象尤为明显。

二忌沼液出池后立马施用。刚出池的沼液还原性较强,容易与作物争夺土壤中的氧气,影响根系发育。

三忌不兑水施用。沼液直接施用容易灼伤作物,特别是幼苗期的作物。

四忌与草木灰、石灰等碱性肥料混施。与这类肥料一起施用容易引起氮损失，从而降低肥效。

五忌过量施用。沼液中的营养元素比较丰富，在农田中过量施用沼液容易导致作物疯狂生长进而减少产量。

5 资源化利用典型模式与标准

5.1 资源化利用典型模式

5.1.1 “猪—沼—茶”种养循环模式

武汉新洲区某年出栏量2万头猪场坐落于大别山余脉的丘陵地带。公司主营生猪养殖和苗木种植。其中生猪养殖采用水冲粪清粪方式，粪污经过多级沉淀池后液体部分进入黑膜沼气池厌氧发酵，固体部分用于堆肥。为了提高沼液的资源化利用效率，公司在沼液的后续利用中又进行了分用途处理。首先，沼液会进入氧化塘，再次利用兼性厌氧微生物对沼液中的有机质、氨氮等物质进行分解，使其化学需氧量COD、五日生化需氧量BOD_5、NH_4^+-N等指标继续降低，处理后的沼液用于茶树灌溉。对于茶园消纳不完的沼液，会继续进入下一级水生植物处理，即采用芦苇、水花生等耐污植物进一步吸收沼液中的氮、磷等有机物，净化后的沼液再用于莲藕等的种植（图5-1）。整个种养循环系统的流程如图5-2所示。

图5-1 茶园种植基地

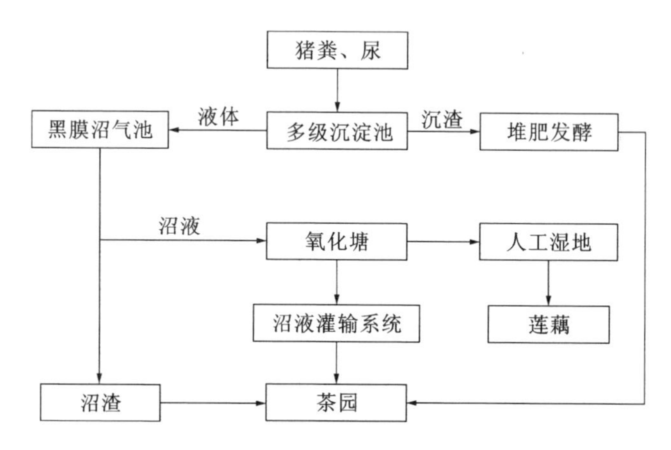

图 5-2　武汉某万头猪场粪污种养循环利用过程

经过近十年的发展，该公司已经形成以生猪养殖场为轴心的立体生态大循环农业产业园。利用厌氧发酵、微生物降解、曝气及循环水系统加快水中有机物分解，并按照测土配方原则，将处理后的沼液输送到配肥池中制成全价液体肥料，再通过茶园喷灌系统输送到茶园。沼渣通过有机肥加工车间，进行拌入辅料堆制、加发酵菌种、供氧风干，最终制成粉状有机肥成品，供茶园施肥用。目前，公司拥有种养循环生态茶园 2061.19 亩，坚持施用沼液、饼肥和农家肥。建立质量可追溯体系，在茶园管理中，对施肥、修剪、锄草、喷灌等均有记录存档。公司大力开展园区绿化，既营造生态环境，促进生态平衡，又形成隔离带，有效促进了茶叶品质提升。

这种“猪—沼—茶”循环模式能够帮助中小型养殖场更好地解决畜禽粪污的处理和利用问题，通过科学规划和管理使企业实现种养殖板块的相互支撑、协同发展。以该公司为例，通过沼液和粪肥的循环利用显著降低了茶园的化肥投入，而且显著提高了茶叶的品质和销量。此外，该公司积极将养殖粪污处理和生态茶园建设同当地的美丽乡村构建工程结合，初步摸索出一条种养循环园区建设和乡村旅游发展的新发展道路，赢得了新的发展机遇(图 5-3)。

5.1.2　生猪养殖粪污“减负还田”新模式

近年来武汉某生猪养殖大型企业，为了解决其生猪养殖板块的养殖环保问题，不断在进行新技术和新模式探索。2020 年公司在江夏山坡、黄石阳新等地的养殖基地建立了针对猪场粪污的粪污“减负还田”处理模式。“减负还

图 5-3 种养循环园区

田”指养殖废弃物经固液分离后，低浓度物料采用“两级物理预处理＋UASB＋两级低溶氧大比例回流 A/O”工艺深度处理用于作物灌溉，降低氮磷总量，提高土地承载力；高浓度物料及两级 A/O 产生的剩余污泥采用“环套环 CSTR 发酵制沼气”处理成沼液及沼渣。灌溉水与沼液进行水肥一体化综合利用，沼渣作为有机肥还田。沼气发电自用，发电余热用于厌氧罐供热，大幅降低系统运行成本。工艺流程见图 5-4。

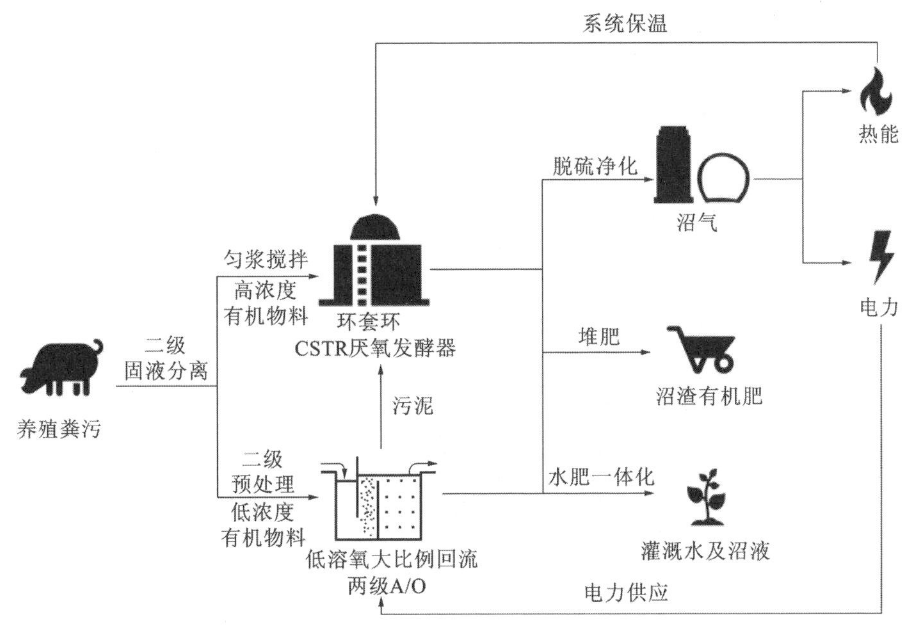

图 5-4 养殖废弃物“减负还田”模式示意图

该技术的优点是：

(1)环保风险低。与传统全量还田相比，减负还田可以减少80%还田土地面积，显著降低养殖企业环保压力。同时可以增加沼肥应用场景，降低施用风险。

(2)投资运行成本适中。由于"减负还田"处理停留时间短，产物存储容量需求低，产物输送至农田管道总长度少，所以"减负还田"总投资较传统全量还田低。另外，由于"减负还田"基本可实现能源自给，运行费用较全量还田更加适中。

站外配套流转种养结合土地，经站内"减负"处理后的养殖废弃物按照《畜禽粪污土地承载力测算技术指南》的要求采取"水肥一体化"的技术进行养殖废弃物的资源化利用。同时根据湖北地区多山坡地的特点，站外采取结合莲藕种植、水生植物及水生作物景观种植、水稻种植的三级设置的农业"生态湿地系统"开展种养结合生态农业模式的养殖废弃物资源化利用，既充分利用养殖废弃物中的养分，也防止了因养殖废弃物过量单一还田而造成的氨氮过量、肥料流失等农业面源污染对生态环境的破坏(图5-5)。

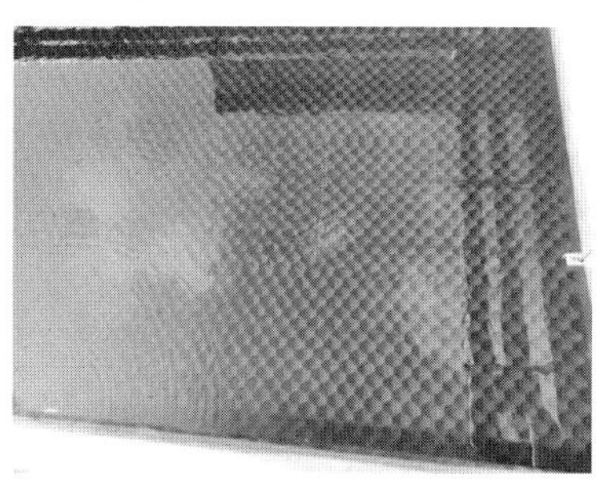
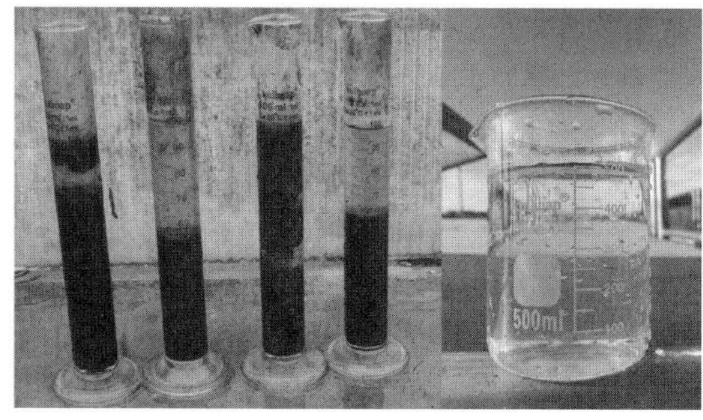

图5-5　减负还田处理设施及处理前后水样对比

以水稻为例，使用该技术处理后的沼液＋农灌水每公顷每季的用量可以达到 600 m^3，大大增加了单位面积土地的沼液消纳量，缓解了还田土地紧张的问题。

此外，使用该技术模式处理的沼液还可用于莲藕种植。在黄石大冶等地，已经开始推广沼液种植子莲的“猪—沼—莲”模式，采用该模式，子莲单个莲子较大，纵横径值大，单个莲蓬的总莲子数较多，子莲产量较高。

5.1.3 “猪—沼—叶类菜”种养循环模式

“猪—沼—叶类菜”种养循环模式是将养殖生产中产生的液体粪污经沼气发酵后用作叶类菜种植的肥料的一种种养结合模式。之所以该模式成为一种典型模式，主要是因为叶类菜生长周期短、肥料需求量大且一年四季均可种植，因此“猪—沼—叶类菜”的种养循环模式是一种高消纳沼液的循环模式。武汉市江夏区某 5 万头规模的养猪场开展了“猪—沼—叶类菜”的循环产业模式的探索，经过超过五年的实践应用，发现该模式是一种可持续性强、经济效益高且能带动当地就业的一种优良模式。该模式可以在周边有农田的规模化养殖场应用，常用的叶类菜有薯尖、空心菜、茼蒿、生菜、油麦菜和菜薹等。

建立该模式，可采取如下步骤：

1. 配套设施

该模式需要有规模化的养殖场、沼气发酵设备、沼液存储罐（池）、沼液输送设备和沼液灌溉设备及种植田地。

2. 蔬菜种类和品种选择

根据各作物的生长季节、适宜温度和生长周期进行品种选择。如 2—7 月份，种植薯尖；8—9 月份，种植小白菜；10 月—次年 1 月份，种植菜薹、生菜、油麦菜、茼蒿等。也可根据当地的气候和水土特征因地制宜选择其他合适的品种。

3. 种植与灌溉方案

根据养殖场沼液中各肥料物质的含量、可栽种面积、农田土壤肥料和结构特点以及所选作物的营养需求，确定沼液浓度、灌溉量和灌溉方式，制定切实可行的种植与灌溉方案。一般而言，沼液经过常规检测后，根据测定结果，与水以一定比例混合，进入输送管道。然后，管道内的沼液根据实际需求，经过灌溉或喷灌系统,根据实际需求而定量灌溉。以薯尖为例,在每年的 2 月,先在菜田内施灌基肥。15 d 左右后,进行种苗的种植。之后,在每一轮采摘之后即进行一轮喷灌,该方法既能充分满足薯尖的生长需求,也能尽可能地消纳沼液,还能保持薯尖的最佳品质。具体模式见图 5-6 及图 5-7。

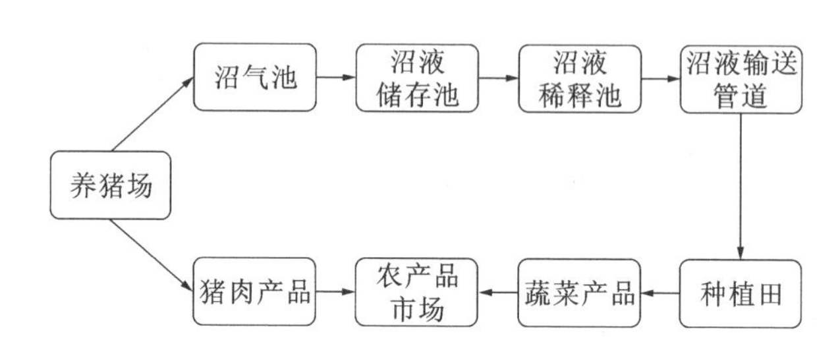

图 5-6 “猪—沼—叶类菜”种养循环模式

图 5-7 “猪—沼—叶类菜”种养循环模式现场图

5.1.4 “鸡粪—有机肥—凤头姜”的特色种养结合模式

蛋鸡粪处理一直是困扰养殖户和限制养殖规模的一大难题。恩施土家族苗族自治州来凤县某5万羽存栏量蛋鸡场采用“鸡粪—有机肥—凤头姜”的特色种养结合模式完美地解决了这一难题。凤头姜是恩施来凤县的特色农产品，因其皮薄脆嫩、富硒多汁、辛辣适中的特点而享誉海内外，已经被认定为中国国家地理标志产品。凤头姜适合种植在土质疏松、有机质丰富、微酸性至中性的土壤中，而禽粪有机肥恰好能够提高土壤的疏松度和有机质含量，调节土壤酸度。在凤头姜的种植过程中适当施用禽粪有机肥，不仅能减少粪便污染，节约化肥的使用量，还有利于凤头姜产量和品质提升，是一种生态友好的循环利用模式。

公司前期配套建有有机肥车间，采用好氧堆肥方式生产鸡粪有机肥。为了延伸企业产业链，拓宽有机肥的使用路径，公司于2019年开始利用鸡粪生产的有机肥种植凤头姜。通过对鸡粪有机肥品质改良和使用方法的探索，公司已经初步建立了1套“鸡粪—有机肥—凤头姜”的特色种养结合模式。在田间试验中，使用有机肥和化肥配施能够提高凤头姜产量，并降低种植肥料投入，如图5-8所示。

图5-8 “鸡粪—有机肥—凤头姜”的特色种养结合

5.2 资源化利用相关标准

5.2.1 湖北省地方标准 DB42/T 1170—2016

ICS 65.020.99
B04
备案号：

DB42

湖 北 省 地 方 标 准

DB42/T 1170—2016

循环农业模式
猪—茶种养小区建设规范

Recycling agriculture model —
The construction standard of pig-tea production area

2016-05-18 发布　　　　2016-07-18 实施

湖北省质量技术监督局　发布

前　　言

本标准按照 GB/T 1.1—2009 给出的规则起草。

本标准由湖北省农业厅提出。

本标准由湖北省农业厅归口管理。

本标准主要起草单位:武汉市农业科学技术研究院畜牧兽医研究所、湖北省畜牧技术推广总站、武汉东泰畜牧有限公司。

本标准主要起草人:高其双、蔡传鹏、彭霞、陈钢、卢翔、刘武、阮征、陈志华、陈洁、童伟文、喻婷、温能生、阎晓平、黄翔。

循环农业模式
猪—茶种养小区建设规范

一、范围

本标准规定了以循环农业模式为基础的猪—茶种养一体化小区建设的总则、分区布局、规模配套、建设内容与设备选型以及肥源施用。

本标准适用于湖北省新建、改扩建的猪—茶种养小区的设计、建设及操作。

二、规范性引用文件

下列文件对于本文件的应用是必不可少的。凡是注日期的引用文件,仅注日期的版本适用于本文件。凡是不注日期的引用文件,其最新版本(包括所有的修改单)适用于本文件。

GB 5084 农田灌溉水质标准

CB/T 17187 农业灌溉设备 滴头和滴灌管 技术规范和试验方法

GB/T 17824 规模猪场建设

NY/T 682 畜禽场场区设计技术规范

NY/T 2172 标准茶园建设规范

三、术语和定义

下列定义适用于本文件。

(一)循环农业模式 recycling agriculture model

根据可持续发展的思想,在保护农业生态环境和充分利用系统内部资源的基础上,实现农业系统内元素平衡和循环利用。

(二)猪茶种养小区 pig-tea production area

以生猪养殖规模配套茶园种植规模,实现废弃物在园区内彻底消纳的一种循环农业小区。

(三)粪污肥源化处理 manure treatment for fertilizer source

通过各种技术手段,将畜禽养殖过程中产生的粪污转化成肥料的过程。

四、总则

猪—茶种养小区的选址应符合以下原则:

(一)猪—茶种养小区建设场地主要选择在丘岗地域,以养猪区部分的选址要求为核心,其周边应有充足的可用于茶园种植区配套建设的土地。

(二)养猪区的选址应符合 GB/T 17824 中的规定。

(三)场址有充足的水源供应,其地质条件能满足工程施工要求。

(四)养猪区周边要求有配套的茶园种植地。

五、分区布局

(一)猪—茶种养小区从结构上分为养猪小区、粪污肥源化处理区和茶园种植区。三区分别用围墙分隔开。整个小区外围用绿化隔离带(或围墙)与周边环境隔离开。

(二)养猪小区尽量建设在整个猪—茶种养小区较为居中的区域,粪污肥源化处理区应建在紧邻养猪小区的较为僻静、平坦之处。茶场建设在养猪场周边的坡岗地带。

(三)养猪小区内部的分区布局按照 GB/T 17824 标准执行。

(四)粪污肥源化处理区分为粪水固液分离区、固态物肥源化处理区、液态物水肥化(或灌溉用水化)处理区。

(五)茶园种植区按照各自经营方式自行分区。

六、规模配套

(一)猪场建设面积

依据 GB/T 17824 确定。

(二)粪污肥源化处理场的面积配套

年出栏万头以上的规模化猪场,粪污肥源化处理场配套面积≥30 亩,具体如表 5-1 所示。

表 5-1 粪污肥源化处理场各功能区配套面积

粪污固液分离场(m^2/万头)	有机肥生产基地(m^2/万头)	有机肥暂贮库(m^2/万头)	道路、管道、绿化(m^2/万头)	分离水暂贮池(m^2/万头)
≥1000	≥1000	≥1000	≥300	≥25

(三)茶场面积配套

按照年出栏 1 万头的猪场配套面积≥2500 亩的标准配套茶园面积,其中包括道路、管道铺设及排水沟等配套设施的面积。

七、建设内容与设备选型

(一)养猪小区建设

参照 NY/T 682 执行。

(二)粪污肥源化处理场地建设

a. 地面建设

地面用混凝土硬化处理,无渗漏。

b. 粪渣堆贮发酵场

由粪渣固体发酵罐、翻料机组、分装机组成,年出栏 1 万头商品猪的猪场罐体数量应≥4 个,单个罐体容量≥32 t。

c. 有机肥成品暂贮场

砖混结构,建在地势相对高处,年出栏 1 万头商品猪的规模猪场有机肥暂贮场的面积≥300 m^2。

d. 分离液暂贮净化池

为全方位防渗性贮水池,池上建有透光性天盖。保证与雨水分离。年出栏 1 万头商品猪的猪场分离液暂贮净化池分 2～3 个占地面积为 300 m^2 的池建造，每个池深 3～5 m。

（三）设备选型

a. 猪场粪水采用固液分离设备处理，年出栏 1 万头商品猪的猪场，要求设备的粪水固液分离能力≥30 t/h。

b. 固液分离设备的固体物出料口和有机肥发酵罐之间安装粪渣转运传送机组，传选机组的功率要求与固液分离设备的出料速度配套。

（四）茶园建设

茶园的建设按 NY/T 2172 执行，其中的喷滴灌设备按 GB/T 17187 要求执行。

（五）环保指示设施建设

茶园不同方位与小区外交界处设置 6～8 个规格为 5 m×2 m×0.5 m 的水坑，池底及池壁全部用水泥硬化，用于环保监测取样，并保证茶园流向小区外的水达到 GB 5084 的要求。

八、肥源施用

（一）液体肥料一律采用滴灌施肥与灌溉。

（二）固体肥料一律采用土壤沟施。

5.2.2 武汉市地方标准 DB4201/T 509—2017

ICS 65.020.01
B01

DB4201

武 汉 市 地 方 标 准

DB4201/T 509—2017

种养循环生态农业生产技术规程

2017-06-20 发布 2017-07-20 实施

武汉市质量技术监督局 发布

前　言

本规程按照GB/T 1.1—2009给出的规则起草。

本规程由武汉市农业科学技术研究院提出并归口。

本规程起草单位：武汉市农业科学技术研究院畜牧兽医科学研究所、武汉东泰畜牧有限公司、武汉市动物疫病预防控制中心。

本规程主要起草人：高其双、夏瑜、刘武、彭霞、阮征、卢顺、王连芳、陶利文、陶弼菲、陈志华、周华。

本标准首次发布。

种养循环生态农业生产技术规程

一、范围

本规程规定了种养循环生态农业的园区规划与布局、园区建设、生产工艺、土壤监测以及水体监测。本规程适用于武汉地区种养循环型生态农业园区的生产操作。

二、规范性引用文件

下列文件对于本文件的应用是必不可少的。凡是注日期的引用文件，仅所注日期的版本适用于本文件。凡是不注日期的引用文件，其最新版本（包括所有的修改单）适用于本文件。

GB 5084 农田灌溉水质标准

GB/T 17187 农业灌溉设备 滴头和滴灌管 技术规范和试验方法

GB/T 25246 畜禽粪便还田技术规范

GB/T 50085 喷灌工程技术规范

NY/T 395 农田土壤环境质量监测技术规范

NY 525 有机肥料

NY/T 1220（所有部分）沼气工程技术规范

NY/T 2065 沼肥施用技术规范

DB4201/T 439 生态循环畜牧养殖小区工程化建设技术规范

三、术语和定义

下列术语和定义适用于本文件。

(一)种养循环

一种种植业和养殖业相结合的循环农业模式。

(二)生态农业

在保护和改善农业生态环境的前提下,遵循生态学和生态经济学规律,运用系统工程的方法开展的现代化农业。

(三)猪当量

以1头商品猪饲养周期为单位产生的粪污总量。

(四)沼肥

畜禽粪便等废弃物在厌氧条件下经微生物发酵制取沼气后用作肥料的残留物。主要由沼渣和沼液两部分组成。

四、规划与布局

(一)规划

种养循环型生态农业园区建设与规划应包括如下内容:畜禽类别、养殖规模、年度计划、作物类别、种植面积、种养配套计划等。

(二)布局

a.根据当地的地形地貌,分别进行养殖区、种植区、粪污肥源化处理区和道路交通系统等的科学布局,养殖区宜布建于园区中心位置,速生作物尽量布局在园区主干道两侧。

b.种养循环生态农业园区边界用围栏或绿化带与外界区分开,边界应清晰可辨。

(三)规模及面积配套

a.养殖规模以猪当量为单位计量。排污量的折算方法为:20只蛋鸡折算成1个猪当量,35只肉鸡折算成1个猪当量,1头奶牛折算成10个猪当量。1头肉牛折算成7个猪当量,3只羊折算成1个猪当量。

b.种植区配套面积应符合DB4201/T 439的要求。

五、园区建设

（一）种养循环生态农业园区建设中，种植业部分的园区建设不应落后于养殖业部分的建设，养殖部分启用后应有足够的种植基地可供消纳养殖粪肥。

（二）在循环农业小区靠近园区边界向外排水的水流通路上应设水质监测池，以方便随时取样检测。水质监测池的建设要求为：长 0.5 m、宽 0.5 m、高 0.5 m，不透水材质，上表面盖以漏缝盖板，埋设后其上表面比周边地平面宜低 2 cm，以便流经此处的排水能够流入监测池中。

（三）按园区用水量设计建造水肥贮存池。雨水收集池与沼液贮存池应符合 NY/T 1220 的要求。

（四）其他建设内容应符合 DB4201/T 439 的要求。

六、生产工艺

（一）种养循环生态农业总体生产工艺路线

种养循环生态农业总体生产工艺路线见图 5-9。

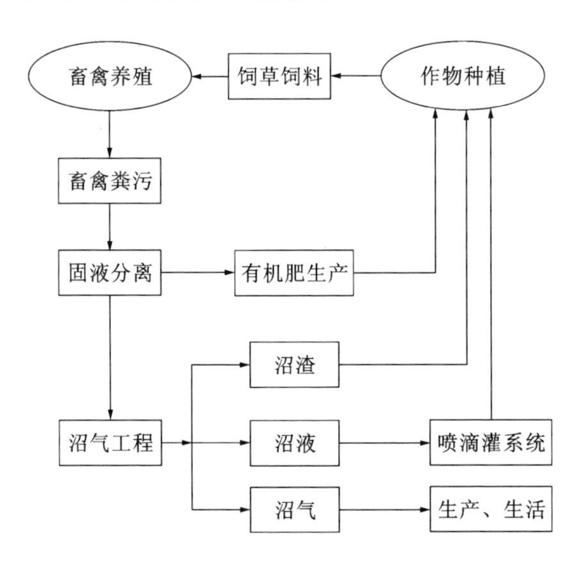

图 5-9　种养循环农业总体生产工艺路线

（二）畜禽养殖

按照具体种类畜禽的养殖技术规范实施。

(三)作物种植

按照具体种类作物的种植技术规范实施。

(四)有机肥生产

有机肥的生产应符合 NY 525 的要求。

(五)沼肥施用

a. 发酵处理有机肥按 GB/T 25246 施用。

b. 沼肥应符合 NY/T 2065 的要求。沼液使用喷滴灌系统,喷灌应符合 GB/T 50085 的要求,滴灌应符合 GB/T 17187 的要求。

七、土壤监测

每批次作物收获完成后,对该种植区耕作层土壤进行定点取样检测,检测方法与指标应符合 NY/T 395 的要求,并以监测结果为依据对以后批次作物的种植与施肥频率作相应修改。

八、水体监测

每当园区外排水流入水质监测池,其水量达到足够取样量时,开启取样测量水质程序,宜间隔 2 h 重复取样一次,测定水体质量,测定方法与指标应按照 GB 5084 执行。此测定数据作为判断循环农业园区是否向环境排放有害物的依据,并根据该测定数据对园区种植频率、施肥频率进行适当调整。

5.2.3 武汉市地方标准 DB4201/T 439—2014

ICS 65.020.30
B44

DB4201/T

武　汉　市　地　方　标　准

DB4201/T 439—2014

生态循环畜禽养殖小区工程化建设技术规范

2014-02-20 发布　　　　2014-03-20 实施

武汉市质量技术监督局　发布

前　　言

本标准由武汉市质量技术监督局提出。

本标准由武汉畜牧兽医科学研究所、武汉市农业科学技术研究院起草。

本标准主要起草人有：高其双、林处发、李宝喜、钱运国、彭霞、卢顺、周莉、陈志华、张平香、占才耀。

本标准为首次发布。

生态循环畜禽养殖小区工程化建设技术规范

一、范围

本标准规定了生态循环畜禽养殖小区工程化建设的选址、规划与布局、各区域建设要求以及工艺要求。

本标准适用于新建及改扩建的生态循环畜禽养殖小区的规划、设计、建设及操作。

二、规范性引用文件

下列文件中的条款通过本标准的引用而成为本标准的条款。凡是注日期的引用文件，其随后所有的修改单(不包括勘误的内容)或修订版均不适用于本标准，然而，鼓励根据本标准达成协议的各方研究是否可使用这些文件的最新版本，凡是不注日期的引用文件，其最新版本适用于本标准。

GB/T 19165—2003 日光温室和塑料大棚结构与性能要求。

GB/T 17187—2009 农业灌溉设备 滴头和滴灌管 技术规范和试验方法

NY/T 1221—2006 规模化畜禽养殖场沼气工程运行、维护及其安全技术规程

NY/T 1222—2006 规模化畜禽养殖场沼气工程设计规范

NY/T 682—2003 畜禽场场区设计技术规范

DB11/T 840—2011 园林绿化废弃物堆肥技术规程

BOB 121-0217—2003-00001 津南区畜牧养殖设施化标准

三、定义

下列定义适用于本文件。

(一)生态循环畜禽养殖小区

以尽可能彻底、低成本解决畜禽养殖污染为主要目的,将种、养殖业紧密结合起来构成一个以种植业彻底消耗养殖业污染物,或以养殖业提供肥源发展种植业,其最终对外界环境无污染物排放的种养结合型农业生产小区。

(二)生态循环畜禽养殖小区工程化建设

将生态循环畜禽养殖小区中的种养殖业作为一项整体工程来建设,利用运筹学原理对小区中各个产业进行科学布局以保证原始物质和产品在小区中的运转成本最低化;利用精密运算对小区中种养殖规模进行精密配套以保证进入小区中的原始物质最大限度被转化成种植产品,不对外界环境构成任何污染。

四、选址

工程化循环农业小区场址选择必须符合以下基本条件:

a. 工程化循环农业小区建设场地选择以养殖区部分的选址要求为核心,但其周边必须有充足的可耕种田地用于种植区部分的配套建设。

b. 养植区场地的选址应符合相应的法律法规,其地点、地势、通风、交通、防疫距离等应符合 NY/T 682—2003 中的规定。

c. 场址有充足的水电供应,其地质条件能满足工程施工要求。

d. 养殖区周边,按照养殖规模与循环农业小区的布局,要求配套的种植地能流转到养殖业主的控制之下或接受养殖业主的统一管理。

五、规划与布局

(一)建设内容

工程化循环农业小区必须包含养殖区、粪污肥源化处理区、设施化温棚种植区和普通种植区。

(二)建设规模与各区占地比例

工程化循环农业小区的建设规模以养殖规模大小为计算依据,养殖区占地面积大小按照不同畜禽养殖场的建设标准执行。

种植区的面积要求足够大，且必须配备周年化（设施化）生产区，以保证能完全、实时转化养殖区产生的粪肥，按表5-2的比例估算所需的种植区面积。

表5-2　畜禽种类与配套种植区的面积换算

畜禽种类	产粪量[kg/(头·d)]	配套种植区面积（亩/头、只）		
		合计	设施化种植区	普通种植区
奶牛	45～54	3	0.10	2.9
肉牛	20～26	2	0.07	1.93
猪	（平均约）5	0.25～0.3	0.01	0.24～0.29
羊	（平均约）2	0.06～0.1	0.003～0.004	0.077～0.096
鸡	（平均约）0.125	0.008～0.01	0.0003～0.0004	0.0077～0.0096
鸭	（平均约）0.15	0.008～0.01	0.0003～0.0004	0.0077～0.0096

注：由于动物的产粪量受饲养品种等多种因素影响，以上数值针对具体品种可适当变动。

（三）小区布局

a. 养殖场区分布在整个小区较为居中的区域，依次向外为设施化温棚种植区和普通种植区。整个小区外围用绿化隔离带与周边区域隔离开。养殖区与种植区靠围墙分隔开。

b. 养殖区内部的分区与布局按NY/T 682—2003标准执行。

c. 设施化温棚种植区根据地形设计，与养殖场围墙垂直，沿进出养殖场的主干道方向排列，尽量做到排布整齐，紧密相接。

d. 普通种植区根据地势与种植品种修整农田。其排灌沟方向也尽量做到与肥水输送管道方向一致，排布整齐，便于排灌，并有利于外观美化。

e. 工程化循环农业小区外围的绿化隔离带以阔叶树和常绿树为主，带宽3～5 m，植树2～3行。

f. 绿化带内沿着整个循环农业小区向外排水的水流通路上必须设水质指示池。

g. 养殖区内道路应净、污分道，互不交叉，出入口分开。

h. 种植区内道路根据各个种植片区大小及与外界主干道的关系而设置，以方便操作并节省运输成本为原则。

i. 养殖区内排水沟必须实行彻底的雨污分离，污水设为暗沟，与粪污收集管道连通，并最终通向沼气处理设施。

j. 种植区内排水沟渠互相连通，由种植区内排水沟渠汇集的主干流排水沟与场外公共排水沟渠、河道连通，流出种植区前必须流经水质指示池，以方便随时取样测定水质。

六、各区建设要求

（一）养殖区建设要求

养殖区所有的设备建设按照 BOB 121-0217—2003-00001 标准执行。特别强调养殖区污水收集管网必须相对密闭，与雨水完全隔离不混流，污水收集管道必须保证所有污水全部收集到沼气处理设备中进行处理。

（二）粪污肥源化处理设施建设

工程化循环农业的粪污肥源化处理设施包括沼气工程、有机肥堆肥车间两个部分：

a. 沼气工程。沼气工程建设在养殖场围墙外，除有沼气发酵池外，还必须建设沼液暂贮池、沼液液肥输出总管道。沼气发酵池与沼液暂贮池之间靠装有滤网的管道连接，沼液输出总管道与种植区域中的喷滴灌管网进行连接。沼气工程与养殖规模的大小配套，建设设计与施工要求按 NY/T 1222—2006 标准执行，沼液暂贮池大小以能够暂贮 45 d 以上沼液量为标准。

b. 有机肥堆肥车间。按照平均每亩种植地 0.5 m^2 的比例配套，根据种植地的种植品种与换茬安排分成若干个堆肥舍。每个堆肥房舍建设成与空气、水、土相对隔离的棚舍，棚舍地面为水泥硬化地面，墙壁为砖木结构或钢架大棚结构，但必须能抵抗当地最大风雨袭击，以防堆积肥料被突如其来的风雨冲刷污染周边水土。

（三）设施化种植区建设要求

a. 设施化种植区以大棚种植为主要方式，并配有喷滴灌系统，采取喷滴灌沼液的方式提供水分和部分肥料元素。其喷滴灌设施按 GB/T 17187—2009 标准执行。

b. 温室大棚的建设按 GB/T 19165—2003 标准执行。

（四）普通种植区建设要求

a. 普通种植区将可能采取机械化操作工艺，其田垄建设与道路建设以有利于机械化操作为原则。

b. 根据地势及种植作物品种的不同将普通种植区划分为若干个小区，每个小区种植不同作物或以不同茬口种植作物。

七、工艺要求

a. 本标准制定所依据的总体工艺路线如图 5-10 所示。

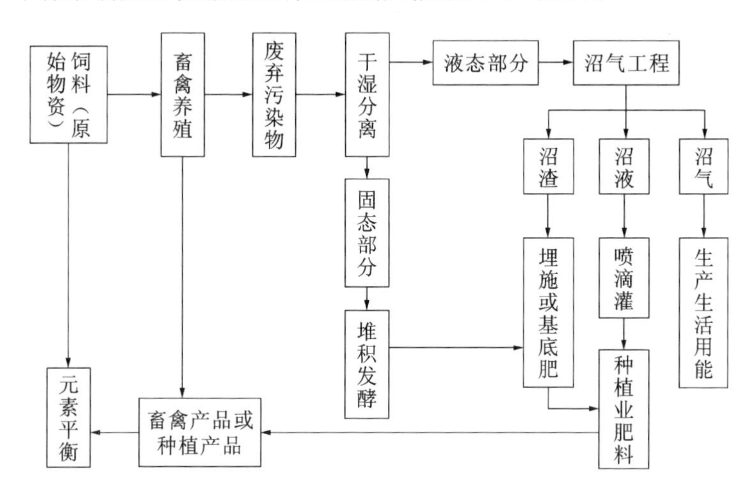

图 5-10 工艺路线

b. 养殖技术工艺根据所养殖的动物种类和品种执行相应的工艺规程。

c. 沼气工艺按照 NT/T 1221—2006 操作规程执行。有机肥堆肥工艺按照 DB11/T 840—2011 操作规程执行。

d. 温棚种植工艺根据种植作物种类与品种执行相应工艺。

e. 普通种植区操作工艺根据种植作物种类与品种按照相应工艺操作规程执行。

八、特殊工艺要求

a. 工程化循环农业小区沼气发酵后的液体肥料一律采用喷滴灌施肥与灌溉。

b. 有机堆肥的施用一律采取土壤覆盖施肥。将肥料施于田间后立即翻耕覆盖,不得长期暴露,以免肥料被雨水冲刷流出小区外。

c. 作物种植品种与频率根据以下因素综合确定:

(a)当地气候条件;

(b)产品市场行情;

(c)产品对肥料中营养元素消耗量不得少于养殖区产生的所有肥料中所含营养元素的总量。

d.定期、定点测量土壤中指示性元素含量，列出周年变化情况。

e.定期测水质指示池中水体所含营养元素含量。根据含量变化调整种植以及施肥方式与频率，以保证循环农业小区不对小区外排放任何可致污染的元素。

5.2.4 武汉市地方标准 DB4201/T 427—2013

ICS 65.020.30
B43

DB4201/T

武 汉 市 地 方 标 准

DB4201/T 427—2013

微生物发酵床养猪技术操作规程

2013-01-05 发布 2013-02-05 实施

武汉市质量技术监督局 发布

前　言

本标准由武汉市农业科学技术研究院提出并归口。

本标准由武汉市畜牧兽医科学研究所负责起草。

本标准主要起草人：肯海军、高其双、钱运国、陶弼菲、向敏、陈志华、占才耀、童伟文、韩艳云、彭霞、卢顺、周莉、华娟、万平民、杜小华。

本标准首次发布。

微生物发酵床养猪技术操作规程

一、范围

本标准规定了以复合微生物菌剂为技术基础的发酵床养猪的场址要求，猪舍设计与建设、垫料配制、发酵床管理、饲养管理、防疫、消毒与档案记录等方面的技术要求。

本标准适用于新建、改建及扩建的猪场。

二、规范性引用文件

下列文件中的条款通过本标准的引用而成为本标准的条款，凡是注日期的引用文件，其随后所有的修改单（不包括勘误的内容）或修订版均不适用于本标准，凡是不注日期的引用文件，其最新版本适用于本标准。

GB 3095—2012 环境空气质量标准

GB 5749—2006 生活饮用水卫生标准

GB 16548—2006 病害动物和病害动物产品生物安全处理规程

GB/T 16549—1996 畜禽产地检疫规范

GB/T 16569—1996 畜禽产品消毒规范

GB/T 17824.1—2008 规模猪场建设

GB/T 17824.2—2008 规模猪场生产技术规程

GB 18407.3 农产品安全质量　无公害畜禽产地环境要求

GB 18596—2001 畜禽养殖业污染物排放标准

NY/T 388—1999 畜禽场环境质量标准

NY 525—2002 有机肥料

NY/T 883—2004 农用微生物菌剂生产技术规程

NY 884—2012 生物有机肥

NY 5027—2008 无公害食品 畜禽饮用水水质

NY 5032—2006 无公害食品 畜禽饲料和饲料添加剂使用准则

三、术语与定义

下列术语和定义适用于本标准。

（一）微生物发酵床养猪技术（microbial fermentation bed in pig farming）

猪在垫料上饲养。利用生猪的拱掘习性，加上人工辅助翻耙，使猪粪、猪尿和垫料充分混合，通过复合微生物菌剂的分解发酵，使猪粪、猪尿等有机物质得到充分的分解和转化，达到粪尿处理在猪舍内完成的饲养方式。

（二）复合微生物菌剂（composite microbial agents）

由两种或两种以上商品化的微生物菌种制成的复合微生物制剂。

（三）生物有机肥（biological organic fertilizer）

以废弃的生物发酵床垫料为原料经无害化处理而成的一类兼具微生物肥料和有机肥效应的肥料。

（四）深层土（deep soil）

地表 20 cm 以下未受污染的土壤。

四、场址要求

猪场选址、场区规划与布局、配套设施、防疫与环境保护等应符合 GB 18407.3、GB 5749—2006、GB 3095—2012、GBJ 39、GB/T 17824.1—2008、GB/T 7824.3、NY 5027—2008 和 NY/T 388—1999 的要求。

五、发酵床猪舍设计与建设

（一）发酵床猪舍设计与建设的基本要求

猪舍设计与建设应符合 GB/T 17824.1—2008 的规定。

a. 发酵床猪舍设计

单列式发酵床猪舍一侧设计成通长的过道，宽 1.2 m；过道内侧与发酵床之间留出1.2～1.5 m水泥硬床面并安置食槽，供生猪采食和休息，发酵床上方1.8～2 m处设置喷淋加湿装置，另一侧发酵床与墙之间留出0.5 m宽水泥硬床面并设置排水沟。

b. 垫料进出口设计原则

以进料和清槽(即垫料使用到一定期限时需要从垫料槽中清出)时操作便利为原则。

(二)原有猪舍的改造原则

要求猪舍充分采光，通风良好。每间猪舍净面积10～20 m^2，单列式发酵床猪舍侧设计成通长的过道，宽1.2 m；过道内侧与发酵床之间留出1.2～1.5 m宽为休息台和放置食槽。发酵床上方1.8～2 m处设置喷淋加湿装置。另一侧发酵床与墙之间留出0.5 m宽水泥硬床面并设置排水沟。

(三)发酵床的设计与建造

根据武汉市气候和生态条件，发酵床应建在建筑物±0以上。

(四)温、湿度的控制

舍内安装保温卷帘、风机和湿帘降温系统。6至9月份，舍内温度达到25℃以上时开启风机，达到30℃时开启水帘，控制舍内温度在32℃以下，相对湿度在85％以下；11月份至来年2月份应放下保温卷帘，并定时开启风机，控制舍内温度在12℃以上，相对湿度为40％～70％。

(五)发酵床的深度

根据猪的体重设计。保育猪(30 kg以下)，30～40 cm；育成猪(30～60 kg)，50～60 cm；育肥猪(60 kg以上)，70～80 cm。

六、垫料的制作

(一)垫料原料的选择

垫料原料选用的一般原则：原料来源广泛、供应稳定、价格低廉；主料必须为高碳原料，水分不宜过高。主料有锯末、稻壳、碎树木屑、刨花、粉碎花生壳、粉碎农作物秸秆、鲜猪粪(自产)、废弃蘑菇培养料等。辅助原料有果渣、豆腐渣、酒糟、饼粕、麦麸、生石灰、过磷酸钙、磷矿粉及红糖或糖蜜等，辅助原料占整个垫料的比例不超过20％。

(二)垫料的制作

微生物发酵床垫的两种具体配方见表5-3，可根据当地实际情况选择，所用复合微生物菌剂应符合 NY/T 883—2004 的要求。

表 5-3 微生物发酵床垫的配方

配方名称	成分及参数
配方一	锯末、稻壳各 30%～50%，粉碎花生壳（或废弃蘑菇培养料）30%～35%，粗盐 0.3%，米糠（麸皮、玉米面等）2～3 kg/m²，菌液（有效活菌数≥3×10² cfu/mL）1～2 L/m²
配方二	锯末、稻壳（或农作物稻秆）各 40%～50%，深层土（或自产鲜猪粪）10%，粗盐（非碘盐）0.3%，米糠（麸皮、玉米面等）2～3 kg/m²，菌液（有效活菌数≥3×10² cfu/mL）1～2 L/m²

a. 方法一

根据发酵床的大小按比例准备好原料（配方一），先取备好料的稻壳、锯末各 10%预留备用，按每立方米 2～3 kg 米糠（麸皮、玉米面等）加入有效活菌数≥3×10² cfu/mL 的菌液 1～2 L 搅拌均匀，水分控制在 25%～35%（手握成团，一触即散为宜）。将搅拌好的原料装入塑料袋中（或打堆）厌氧发酵。室温保持 20～25 ℃。6 月份至 9 月份 3～7 d，11 月份至来年 2 月份 10～15 d，3 月份至 5 月份 5～10 d，原料发出酸甜的酒曲香味即发酵成功。将发酵好的米糠和其余的稻壳和锯末充分混合搅拌均匀，水分保持在 40%～50%（用手捏紧后松开，感觉蓬松且迎风有水气说明水分掌握较为适宜），均匀铺在圈舍内。用塑料薄膜盖严，3～5 d 后将垫料摊开铺平，再用预留的 10%稻壳、锯末混合物覆盖，厚度 10 cm，等待 24 h 后方可进猪。

b. 方法二

按配方二备好原料。玉米秸秆 90%、深层土 10%混合后铺垫 30 cm，撒一层粗盐；锯末 90%、深层土 10%混合后铺垫 20 cm，撒一层盐；锯末 5 cm 铺平，按每立方米 2～3 kg 米糠（麸皮、玉米面等）加入有效活菌数≥3×10³ cfu/mL 的菌液 1～2 L，将菌液均匀喷洒在垫料上，湿度达 75%（攥紧垫料有水从指缝滴下），再用干锯末铺 5 cm，24 h 后进猪。

（三）垫料厚度

保育猪（30 kg 以下），30～40 cm；育成猪（30～60 kg），50～60 cm；育肥猪（60 kg 以上），70～80 cm。

七、发酵床的日常管理

(一)垫料管理

a. 垫料翻动

垫料需经常翻动(有条件可采用机械翻动)。翻动深度:保育猪为 15～20 cm,育成猪为 25～35 cm。通常可以结合疏粪或补水将垫料翻匀,另外每隔 50～60 d要彻底将垫料翻动 1 次,并且要将垫料层上下混合均匀。

b. 垫料补菌

根据具体情况适时补菌。猪每批转栏或出栏后应对垫料进行补菌处理。空圈后先将发酵垫料放置干燥 18～22 d。将垫料从底部彻底翻弄一遍,视情况适当补充菌种与麸皮并混匀,重新由四周向中心堆积成梯形,使其发酵至成熟,杀死病原微生物。同新垫料发酵技术一样,发酵成熟的垫料摊平后用未发酵的锯末覆盖,厚度 5～10 cm,间隔 24 h 后进猪饲养。

c. 垫料补充

当发酵床面与池面的高度差超过 15～20 cm,或垫料体积减小量达到 10%,或在需用有机肥时,可以挖出 25 cm 深度以下的腐熟好的部分。补充的新垫料要与发酵床上的垫料混合均匀,并调节好水分,同时补充适量菌液和植物营养剂等。

d. 垫料更新

发酵床垫料的使用寿命可达 3～5 年。当垫料达到使用期限后,必须将其从垫料槽中彻底清出,并重新放入新的垫料,清出的垫料送堆肥场,按照生物有机肥的要求,做好陈化处理,并进行养分、有机质调节后,作为生物有机肥出售。

对前期发生重大动物疫情及发酵床发酵高温段上移、出现臭味、持水能力下降等需要彻底更新的垫料,在圈内二次发酵生产生物有机肥。操作过程和产品标准应符合 NY 525—2002 和 NY 884—2012 的要求。

(二)湿度调节

垫料湿度控制在 40%～65%,中心发酵层湿度控制在 60%～65%。判断垫料湿度时,可用手抓起一把垫料攥紧,如果感觉潮湿但没有水分出来,松开后即散,可判断湿度为 30%～40%;如果感觉到手捏成团,松开后抖动即散,指缝间有水但未流出,可判断湿度为 45%～65%;如果攥紧垫料有水从指缝滴下，则说明垫料湿度为70%～80%。根据垫料湿度状况适时补充水分，常规补水可以采用加湿喷雾补水，也可结合补菌时补水。水分过多时打开通风口，利用空气流动调节湿度，也可以添加干锯木屑降低湿度。

八、猪的饲养管理

（一）饲养密度

保育猪（30kg 以下），0.5～1.0 m^2/头；育成猪（30～60 kg），1.0～1.5 m^2/头；育肥猪（60kg 以上），1.5～2 m^2/头。选择同批饲养的猪体重相差控制在 4 kg的范围内。

（二）日粮要求

各饲养阶段的日粮的养分含量均按照 NY 5032—2006 标准执行，但饲料中不得添加抗生素、高剂量铜锌等微量元素添加剂。

（三）进入发酵床前猪只管理

猪入圈前要事先驱除体内外的寄生虫，保证猪只健康。

（四）消毒

a. 环境消毒

人员出入、大门消毒池、车辆、办公及生活环境、排污沟等环境消毒按照 GB/T 17824.1—2008 和 GB/T 16569—1996 执行。

b. 圈舍消毒

采用火焰消毒。

（五）疫病防控

病猪应调离发酵床隔离治疗。

（六）档案记录管理

由专人负责档案管理。每批、每群猪都应建立生产日志及效益分析，详细记录生物床管理内容（温度、湿度；加菌、翻动、更新等）。执行标准 GB 5749—2006、GB 16548—2006、GB 16549—1996、GB 18596—2001 和 GB/T 17824.2—2008。

5.2.5 湖北省地方标准 DB42/T 1664.1—2021

湖　北　省　地　方　标　准

DB42/T 1664—2021

利用沼液种植 第1部分 沼液种植水稻技术规程

Planting with biogas slurry Part 1

Technical regulation for rice planting with biogas slurry

2021-04-01 发布　　2021-06-01 实施

前　　言

本文件按照《标准化工作导则 第一部分：标准化文件的结构和起草规则》(GB/T 1.1—2020)的规定起草。

本文件由武汉市农业科学院提出。

本文件由湖北省农业农村厅归口。

本文件主要起草单位：武汉市农业科学院、武汉中粮肉食品有限公司。

本文件主要起草人：谭珺隽、邓兵、刘明、黄翔、彭霞、郑云龙、马小婷、邓春雷、濮振宇、高其双、邵中保、鲍伯胜、冉志平、陶利文、夏瑜、张红安。

本文件实施应用中的疑问，可咨询湖北省农业农村厅，联系电话：027-87665821；邮箱：hbsnab@126.com。武汉市农业科学院，联系电话：027-81775217；邮箱：agnibiotech@wuhanagri.com。

对本文件的有关修改意见及建议请反馈至武汉市农业科学院，联系电话：027-81775217；邮箱：agribiotech@wuhanagri.com。

利用沼液种植 第1部分
沼液种植水稻技术规程

一、范围

本文件规定了利用沼液种植水稻过程中，沼液施用质量要求、沼液种植水稻施肥要求、沼液种植水稻田间操作要点。

本文件适合湖北地区规模化养猪场及其周边配套消纳粪肥的农田沼液种植水稻使用。

二、规范性引用文件

下列文件中的内容通过文中的规范性引用而构成本文件必不可少的条款。其中，注日期的引用文件，仅该日期对应的版本适用于本文件；不注日期的引用文件，其最新版本(包括所有的修改单)适用于本文件。

GB 2762 食品安全国家标准 食品中污染物限量

GB 5084 农田灌溉水质标准

GB 15618 土壤环境质量 农用地土壤污染风险管控标准(试行)

GB/T 17980.40 农药田间药效试验准则(一)除草剂防治水稻田杂草

GB/T 36195 畜禽粪便无害化处理技术规范

NY/T 90 农村户用沼气发酵工艺规程

NY/T 2065 沼肥施用技术规范

NY/T 2156 水稻主要病害防治技术规程

NY/T 2596 沼肥

三、术语和定义

下列术语和定义适用于本文件。

(一)养猪场沼液(biogas slurry fertilizer of pig farm)

规模猪场养殖产生的液体废弃物,经过微生物厌氧发酵后,形成的褐色的液体。

(二)总养分(total nutrient content)

沼肥中全氮、全磷(P_2O_5)和全钾(K_2O)的含量之和,通常以质量百分数计。

四、沼液施用质量要求

(一)沼液发酵工艺

按照 NY/T 90 执行,养猪场沼液处理按照 GB/T 36195 执行。

(二)沼液理化性质及安全性

养猪场沼液在水稻田中施用的总养分质量要求应符合 NY/T 2596 的规定。

五、沼液种植水稻施肥要求

(一)施用沼液前稻田要求

a. 稻田的土壤应符合 GB 15618 的要求,水源应符合 GB 5084 的要求。

b. 施用养猪场沼液的稻田宜为位于猪场附近,集约化程度高,生产基地条田化设计,灌排配套,水利设施齐全,有排碱沟的田。

(二)沼液灌水稻田要点

a. 施用养猪场沼液作为底肥的稻田，施用的沼液量不应漫出田埂。施用养猪场沼液后，宜在播种前一周以上进行翻耕，使沼液中的肥效元素充分融入稻田耕作层中。沼液在稻田中施用时应均匀，尤其对颗粒物含量较高的沼液更需均匀铺施。

b. 灌施养猪场沼液时，以液面封盖住稻田田面为宜，如果盖不住稻田田面，可加适量水，使沼液尽量分布均匀。但水液不可太深，以免翻耕后难以被耕作层吸附。稻田耕作层应质地均匀，不隐藏硬块土壤，表面力求平整。

（三）水稻田中沼液作为底肥的施用

水稻田中养猪场沼肥的施用量应根据土壤总养分状况和水稻对总养分的需求量确定。按水稻的需肥规定，沼液总养分施用占稻田所需氮肥的60%～70%，其他用化学肥料配合补充。如：在沼液肥效元素为中等肥力的稻田，根据每100 kg的目标产量，收获物需氮量为2.2 kg，需磷量为0.8 kg，普通肥力的田施用沼液量不宜超过30 kg/m^2，其他营养元素用化学肥料来配合补充。

六、养猪场沼液种植水稻田间操作要点

（一）沼液施用要点

按照NY/T 2065沼肥施用技术规范执行。

（二）沼液种植水稻的播种

每亩播种量参照水稻品种说明书要求，比一般稻田播种密度适量降低，务求均匀。

（三）沼液种植稻田的晒田

用沼液种植水稻，晒田需要更彻底。

（四）沼液种植水稻的草害防治技术

除草按照GB/T 17980.40，NY/T 2156执行。田间杂草防治时间宜早于普通稻田。

（五）稻米收获

稻米品质应符合GB 2762的相关要求。

5.2.6 武汉市地方标准 猪—沼—稻生产技术规程

一、范围

本文件规定了猪—沼—稻生产技术的术语和定义、沼液标准、沼液生物综合利用技术、猪场规模与水稻田面积配套的比例、沼液中主要污染物允许含量、沼液种植水稻施肥要求等。

本文件适用于以猪粪尿为主要发酵原料生产的沼液用于水稻的种植。

二、规范性引用文件

下列文件对于本文件的应用是必不可少的。凡是注日期的引用文件，仅所注日期的版本适用于本文件。凡是不注日期的引用文件，其最新版本(包括所有的修改单)适用于本文件。

GB 15618—2018 土壤环境质量 农用地土壤污染风险管控标准(试行)

GB 5084—2005 农田灌溉水质标准

GB/T 36195—2018 畜禽粪便无害化处理技术规范

GB/T 17824.2—2008 规模猪场生产技术规程

GB/T 36869—2018 水稻生产的土壤镉、铅、铬、汞、砷安全阈值

NY 5117—2019 无公害食品 水稻生产技术规程

NY/T 1220.1—2019 沼气工程技术规范 第1部分:工程设计

NY/T 2078—2011 标准化养猪小区项目建设规范

NY/T 2596—2014 沼肥

NY/T 3442—2019 畜禽粪便堆肥技术规范

NY/T 2065—2011 沼肥施用技术规范

NY/T 2156—2012 水稻主要病害防治技术规程

三、术语与定义

下列术语和定义适用于本文件。

猪—沼—稻生产模式即将规模猪场养殖产生的液体废弃物，经过微生物厌氧发酵后，形成的褐色的液体，用来种植水稻，以尽可能彻底、低成本解决集约化猪场养殖污染问题、提高养殖废弃物资源化利用率为主要目的，将生猪养

殖与水稻种植紧密结合形成的种养结合型循环农业生产模式。

四、沼液理化性质要求

(一)沼液技术指标应符合 GB/T 36195—2018 与 NY/T 1220.1—2019 的规定。

(二)沼液中主要污染物限量标准:

a. 沼液重金属允许范围指标应符合 GB/T 36869—2018 的要求。

b. 沼液的卫生指标应符合 NY/T 3442—2019 的要求。

五、猪—沼—稻生产利用技术

(一)在使用沼液种植水稻前要保证沼液发酵完全,沼液的各项技术指标要符合 NY/T 2596—2014 的要求。

(二)分区与布局:

a. 布局

猪—沼—稻模式从结构上一般分为生猪养殖区、沼液处理区、水稻种植区。每个猪—沼—稻模式小区建设之前根据自己所在的区域地理位置,按 GB/T 17824.2—2008 标准执行,粪污肥源化处理区按照 NY/T 2078—2011 的规定执行。

按照正常程序申报有关政府主管部门批准并备案。养猪场环境要符合环保相关要求,尤其有关污染物处理与排放管网不得在设计方案外另行建设。

b. 生猪养殖区

生猪养殖区内部分区域布局按照 NY/T 2065—2011 执行。生猪养殖区尽量独立建设在整个猪—沼—稻循环农业小区较为僻静、地势较为平坦之处。养猪技术工艺按照 GB/T 17824.2—2008 执行。

c. 沼液处理区

沼液处理区分为粪水固液分离区、固态物肥源化处理区、液态物水肥化(或灌溉用水化)处理区。沼液生产工艺、沼液处理方法、粪污肥源化处理参照 NY/T 3442—2019 执行。

d. 水稻种植区

稻田的土壤应达到 GB 15618—2018 的要求,水源宜符合 GB 5084—2005 的要求。

六、施肥技术

肥料的施用参照 NY 5117—2019 执行。

(一)沼液的施肥时间

沼液主要作为底肥使用,参照 NY/T 2065—2011 的要求。

(二)沼液的施用量

沼液的施用量主要根据耕作土地的肥力状况和种植作物对养分的需求量确定。基肥用量一般占总量的 1/3～1/2。追肥用量占总用量的 1/2～2/3。参考土地承载力测算技术指南,以畜禽沼液氮养分供给和作物氮养分需求为基础进行核算。在中等土壤肥力条件下,施肥供给占比以 45%计,氮素的当季利用率以 30%计。沼液施用占稻田所需氮肥的 60%～70%,如在沼液肥效元素为中等肥力的稻田,根据每 100 kg 的目标产量,收获物需氮量为 2.2 kg,需磷量为 0.8 kg,施用沼液量建议为 30 kg/m^2,其他用化学肥料来配合补充。沼液做追肥时,只能在灌浆期前使用,不得在晒田期使用,作追肥用的沼液浓度不得过高,按 NY/T 2065—2011 的规定执行。

普通肥料采用 GB 18382 肥料标识中的内容和要求进行。

5.2.7 武汉市地方标准 畜禽养殖沼液肥料化利用操作规范

一、范围

本标准规定了畜禽养殖沼液肥料化利用理化性质指标、主要污染物允许含量以及在水生蔬菜、粮食作物上施用的技术和方法。

二、规范性引用文件

下列文件对于本文件的应用是必不可少的。凡是注日期的引用文件,仅所注日期的版本适用于本文件。凡是不注日期的引用文件,其最新版本(包括所有的修改单)适用于本文件。

GB 18596 畜禽养殖业污染物排放标准

GB/T 25246 畜禽粪便还田技术规范

GB/T 36195 畜禽粪便无害化处理技术规范

NY/T 1220.1 沼气工程技术规范 第 1 部分:工程设计

NY/T 1961 粮食作物名词术语

NY/T 2065 沼肥施用技术规范

NY/T 2374 沼气工程沼液沼渣后处理技术规范

NY/T 2596 沼肥

NY/T 2624 水肥一体化技术规范

三、术语与定义

下列术语和定义适用于本文件。

正常产量(average yield)指的是该地区种植某种农作物的平均产量。

四、畜禽养殖沼液的发酵工艺要求

畜禽养殖沼液的发酵工艺要求应符合 GB/T 36195 与 NY/T 1220.1 中的规定。

五、畜禽养殖沼液肥料化利用理化性质要求

(一)畜禽养殖沼液肥料化利用理化性质指标要求

a. 沼液的酸碱度应符合 NY/T 2596 中的要求。

b. 沼液中水分和总养分含量应分别符合 NY/T 2065 的规定。

c. 沼液中的氨氮浓度应符合 GB 18596 的规定。

(二)主要污染物允许含量

沼液重金属允许范围指标应符合 NY/T 2596 的规定。

沼液的卫生指标要求应符合 GB/T 36195 的规定。

六、畜禽养殖沼液肥料化利用技术

(一)总则

畜禽养殖沼液主要作为基肥和追肥使用,叶面施肥时用清水稀释,配水比例按照 NY/T 2374 中的方法执行。

沼液的施用量由作物的需肥量和土壤肥力决定。

(二)水生蔬菜沼液施用技术

a. 沼液的使用方法

除了必须依靠土壤种植的水生蔬菜外,本标准涉及的沼液施用技术均针

对浮床种植方式。

对于需土栽培的水生蔬菜，土壤在翻耕前施入沼液作为基肥，并在施用沼液之后1周复耕1次。在营养生长期和生殖生长旺盛期时，沼液作为追肥使用，基肥和追肥的使用量为4∶6。对于浮床种植的水生蔬菜，沼液作为追肥使用。沼液作为基肥时可直接施用，作为追肥使用时参照NY/T 2624中的原则，叶面追肥时用清水稀释，配水比例按照NY /T 2374执行。施肥前田埂需夯实防漏，田间水位要略低于正常水位约5cm，以保证施肥后水肥不漫溢。除了施用沼液外，水生蔬菜种植过程中还需要适当补充其他形式的肥料。

b. 沼液的施肥时间

沼液作为基肥应至少在种植前1个月使用，作为追肥的使用时间由水生蔬菜种类决定，叶菜类在叶片生长期施肥，茎菜类在立叶期和根茎膨大期施肥。而果菜类的水生蔬菜在开花期、坐果期适当补充沼液肥。为了减少氮素损失，应避免在雨天和高温天气施肥。

c. 沼液的使用量

沼液作为基肥的用量由土壤养分状况和作物的养分需求量而定。以中等土壤肥力状况为例，沼液的基肥用量不宜超过450 m^3/hm^2。作为追肥使用时，叶菜类的水生蔬菜追肥次数取决于采摘频率，沼液每次的使用量由蔬菜的生长情况而定，每次沼液使用量不超过90 m^3/hm^2，应遵循少量多次的原则，而茎菜类和果菜类水生蔬菜的追肥次数一般为3～5次，每次沼液使用量不超过150 m^3/hm^2。作物总的沼液使用量测算方法参照GB/T 25246中的要求。

（三）粮食作物沼液施用技术

a. 粮食作物

粮食作物是指NY/T 1961中定义的作物品种。

b. 沼液的使用方法

沼液作为基肥使用时，要保证地块平整，耕前灌入沼液10 cm深（以不外溢为准），沼液被土壤充分吸附后再次翻耕。要避免在雨天进行施肥。

沼液作为追肥使用时，可以采用叶面追肥或根外追肥方法。根外施肥和叶面施肥的配水比例按照NY/T 2374中方法执行。除了施用沼液外，粮食作物种植过程中还需要补充其他形式的肥料。

c. 沼液的施肥时间

在种植前1个月，将沼液作为基肥使用。在禾谷类作物的苗期、分蘖盛期、孕穗期以及薯类作物的块根、块茎膨大期，沼液作为追肥使用。注意不能在高温或雨前进行沼液施肥。

d. 沼液的使用量

主要由耕作土地的肥力状况以及种植作物的产量而定。基肥用量一般占沼液使用量的 1/3～1/2。追肥用量占总用量的 1/2～2/3。沼液使用量的测算方法参照 GB/T 25246 中的要求。

5.2.8 湖北省地方标准“猪—沼—莲”种养结合技术规程

一、范围

本标准规定了“猪—沼—莲”种养结合技术规程(以下简称规程)的技术要求、沼液种植莲藕田间管理要点、尾水的质量控制和检测与排放。包括猪场建设与粪污处理、沼液质量要求、施肥要求及注意事项、品种选择与田间管理要点等。

本规程适用于养猪沼液在莲藕种植中的应用。

二、规范性引用文件

下列文件中的条款通过本规程的引用而成为本规程的条款。凡是注日期的引用文件，其随后所有的修改单(不包括勘误的内容)或修订版均不适用于本规程(鼓励根据本规程达成协议的各方研究是否可使用这些文件的最新版本)，凡是不注日期的引用文件，其最新版本适用于本规程。

GB 15618—2018 土壤环境质量 农用地土壤污染风险管控标准(试行)

GB 18596—2001 畜禽养殖业污染排放标准

GB 5084—2005 农田灌溉水质标准

GB/T 36195—2018 畜禽粪便无害化处理技术规范

NY/T 90—2014 农村户用沼气发酵工艺规程

NY/T 2596—2014 沼肥

NY/T 2065—2011 沼肥施用技术规范

NY 525—2021 有机肥料标准

NY/T 5239—2004 无公害食品 莲藕生产技术规程

DB42/T 840—2012 有机蔬菜 水生蔬菜生产技术规程

DB42/T 705—2011 无公害子莲栽培技术规程

三、术语和定义

下列术语和定义适用于本标准。

草莲:从莲蓬中剥出来的,带莲子壳。

四、技术要求

(一)猪场粪污处理技术要求

猪场粪污的处理按照 GB 36195—2018 标准执行。

(二)沼液施用质量要求

a. 沼气发酵工程

沼气发酵工程按照 NY/T 90—2014 标准执行。

b. 沼液发酵程度

猪场排出的粪水必须在沼液罐中发酵,发酵时间及温度按照 GB/T 36195—2018 畜禽粪便无害化处理技术规范执行。

c. 沼液有机质浓度及化学性质

要求 COD 在 1000～10000 之间,中性偏碱(pH=6.8～8.0)。磷含量在 25～75 mg/L 之间,氨态氮含量在 0.6～1.75 g/L 之间,总氮含量应在 0.7～2 g/L 之间。

d. 沼液气味

出罐后的沼液不得有强烈的刺激性气味。

e. 沼液中主要污染物允许含量

沼液重金属允许范围指标按照 NY/T 2596—2014 标准执行。

沼液的无害化卫生指标按照 GB 18596 标准执行。

f. 沼液腐熟后要求

充分腐熟的沼液无味,中性偏碱,化学需氧量(COD)值小于 4 g/L,pH=6.8～8.0。沼液腐熟出池后不可立即施用,需要在沼液储存池中至少放置 7 d 再施用。

(三)沼液种植莲藕施肥要求

a. 沼液施用时间

沼液可作底肥和追肥施用。

b. 沼液施用量及施用方法

莲田中沼肥的施用量应根据土壤养分状况和莲藕对养分的需求量确定。沼液在莲田中施用时必须均匀，颗粒物含量较高的沼液均匀铺施。

c. 沼液作为基肥的施用方法

沼液作为基肥施用时，在种植前至少一个月灌施沼液，且宜在长时间晴朗天气进行，施用沼液不得在连续雨天或大雨天进行。施用沼肥前，耕深30 cm，清除杂草，耙平泥面；沼液施用后2～3 d翻耕莲田。

d. 沼液作为追肥的施用方法

作追肥用的沼液COD不得高于1000 mg/L。

五、沼液种植莲藕田间管理要点

(一)沼液种植莲藕田间管理要点

a. 沼液种植莲藕的品种选择

莲藕品种按照NY T 5239—2004规程执行。

b. 沼液种植莲藕的莲田选择

莲田的选择按照NY/T 5239—2004规程执行。

c. 沼液种植莲藕的种苗选择

种苗的质量和数量按照NY/T 5239—2004规程执行。

d. 沼液种植莲藕的大田定植

大田定植的时间和方法按照NY/T 5239—2004规程执行。

e. 沼液种植莲藕的大田管理

(a)追肥

追肥采用喷洒或灌注的方法。追肥时间选择为荷叶封行时，施用量视作物需求量确定。待第一花蕾出现至结蓬初期再追施一次沼液肥，施用量视作物需求量确定。追肥应在晴天的早晨露水干透之前或连续阴天的傍晚进行；追肥深度为20～30 cm；若天气温度高于30℃，则将沼液灌水稀释至50%以下。灌溉用水应符合GB 5084—2005的要求。

(b)沼液种植莲藕大田管理的其他要点

水深调节、除草、病虫害防治和采收均按照NY/T 5239—2004规程执行。

(二)沼液种植子莲的操作要点

a. 沼液种植子莲的品种选择

子莲品种按照 DB42/T 705—2011 规程执行。

b. 沼液种植子莲的莲田选择

莲田的选择按照 DB42/T 840—2012 规程执行。

c. 沼液种植子莲的种苗准备

种苗准备按照 DB42/T 705—2011 规程执行。

d. 沼液种植子莲的大田定植

大田定植的时间、密度和方法按照 DB42/T 705—2011 规程执行。

e. 沼液种植子莲的大田管理

(a)追肥

追肥采用喷洒或灌注的方法。追肥时间选择为荷叶封行时，施用量视作物需求量确定。待第一花蕾出现至结蓬初期再追施一次沼液肥，施用量视作物需求量确定。追肥应在晴天的早晨露水干透之前或连续阴天的傍晚进行；追肥深度为 20～30 cm；若天气温度高于 30℃，则将沼液灌水稀释至 50%以下。

(b)沼液种植子莲的大田管理的其他要点

沼液种植子莲的水深调节、除草、疏苗、去杂、辅助授粉、病虫害防治、采收均按照 DB42/T 705—2011 规程执行。

(三)沼液种植子莲的贮藏

莲蓬：在常温下保存可以放 3～5 d，或放入冷库。

草莲：在常温下可以放 1～3 d；如需放更长时间须放入冷库或速冻库，可储存 180 d。

鲜莲子：常温下只能放 1～2 d；如需放更长时间，可放入速冻库，可储存 7～10 d。

加工好的去芯莲子：常温下可放 1～2 d，不适合长时间存放。

干莲子：常温干燥保存可放置 180 d。

莲藕：按照 NY/T 5239—2004 规程执行。

六、尾水的质量控制、检测与排放

设立尾水收集池，尾水的质量控制、检测与排放均按照 GB 18596 标准执行。

七、莲田土壤的检测

莲田土壤的检测方法和标准按照 GB 15618—2018 标准执行。

5.2.9 湖北省地方标准 沼液种植玉米技术规程

一、范围

本标准规定了生猪养殖场粪污沼液种植玉米的技术要求与操作要点，包括沼液质量要求、玉米品种选择、沼液施肥方法以及注意事项等。

本规程适合在湖北地区生猪养殖沼液种植玉米中应用。

二、规范性引用文件

下列文件中的条款通过本规程的引用而成为本规程的条款。凡是注日期的引用文件，其随后所有的修改单(不包括勘误的内容)或修订版均不适用于本规程(鼓励根据本规程达成协议的各方研究是否可使用这些文件的最新版本)，凡是不注日期的引用文件，其最新版本适用于本规程。

GB 15618 土壤环境质量——农用地土壤污染风险管控标准

GB 18596 畜禽养殖业污染物排放标准

GB/T 8321.9 农药合理使用准则(九)

GB/T 25246 畜禽粪便还田技术规范

GB 2762 食品安全国家标准 食品中污染物限量

GB/T 34379 玉米全程机械化生产技术规范

GB/T 36195 畜禽粪便无害化处理技术规范

GB 5084 农田灌溉水质标准

NY/T 1220.1 沼气工程技术规范 第1部分:工程设计

NY/T 1917 自走式沼渣沼液抽排设备技术条件

NY/T 2065 沼肥施用技术规范

NY/T 2374 沼气工程沼液沼渣后处理技术规范

NY/T 2596 沼肥

NY/T 2624 水肥一体化技术规范

三、术语和定义

下列术语和定义适用于本标准。

沼液储存池:用于存储暂未利用的沼液的设施。

玉米拔节期:玉米生长过程中,茎的节间向上迅速伸长的时期。一般以全田50%以上植株的第1茎节露出地面1.5～2.5 cm作为标志。

大喇叭口期:指玉米11～12片叶展开的时期。

四、发酵原料要求

a. 发酵原料应满足NY/T 1220.1中5.1.2的要求。

b. 生猪粪便中重金属含量应符合GB/T 25246中的规定。

五、沼液的发酵工艺要求

畜禽养殖沼液的发酵工艺要求应符合GB/T 36195与NY/T 1220.1中的规定。

六、沼液的质量要求

a. 沼液的酸碱度、总养分含量以及重金属允许范围应符合NY/T 2596的要求。

b. 沼液的卫生指标要求应符合GB/T 36195的规定。

c. 沼液其他指标应符合GB 5084的要求。

七、沼液还田配套设施要求

使用沼液种植玉米需要按要求配套沼液储存池、沼液转运设施(装备)、沼液浇灌系统等。

(一)沼液储存池

在玉米的非施肥期,沼液应存储在专门的沼液储存池中,沼液储存池的设计和建造要求应符合NY/T 1220.1的要求。

(二)沼液转运设施(装备)

沼液可采用封闭罐车或管道进行运输,沼液转运罐车应符合NY/T 1917的要求。

管道运输需要配套沼液泵、动力系统、管道安全装置、电气保护装置，泵、管网和管件应具有抗腐蚀性。管网应具有自动防爆抗堵等安全功能。主要管网采取埋设（距管顶深度≥40 cm），裸露部分应选用抗老化材料或进行防老化处理。

（三）沼液浇灌系统

每 667 m^2 相邻种植区至少设置 1 个出水桩，设计安装灌溉管网。

八、生猪养殖沼液种植玉米技术要求

（一）总则

a. 玉米品种应选择适合当地地理、气候的耐肥、高产品种。

b. 沼液主要作为基肥和追肥使用。沼液的施用量由作物的养分需要量和土壤肥力决定，测算方法参照 GB/T 25246 的要求。

c. 根据玉米的生长需求，沼液与其他形式肥料配合使用。

d. 使用沼液的玉米种植区田埂须夯实防漏，避免沼液渗漏、外溢。

（二）沼液的施肥技术要求

a. 基肥使用

在土地平整后，每公顷一次性施入沼液 40～120 m^3，施肥后充分与土壤混合，并立即覆土。陈化一周后便可播种。

b. 拔节期追肥

在玉米处于拔节期（6～9 片叶）时，使用沼液进行追肥，沼液用量不高于 15 m^3/hm^2，沼液叶面喷施时需要配水稀释，配水比例按照 NY/T 2374 执行，同时配合施用磷肥。

c. 大喇叭口期追肥

当玉米生长进入大喇叭口期，视玉米生长状况和土壤水分情况，使用沼液多次追肥，沼液每次用量在 10～20 m^3/hm^2，同时注意补充过磷酸钙、硫酸钾等肥料。一般此阶段追肥次数为 2～4 次。

（三）田间管理

a. 整地

沼液施用前要保持土地平整，耕翻深度达到 25 cm 以上，土壤松碎。

b. 除草

在苗期、夏季玉米生长旺季要及时除草。杂草治理方法应符合 GB/T

34379 的要求。

c. 病虫害防治

玉米种植过程中要注意防治常见病虫害，如大斑病、小斑病，纹枯病、灰斑病以及玉米螟等，优先采用农业防治、利用频振式杀虫灯诱杀害虫等物理防治和生物防治等措施，化学防治应按照 GB/T 8321.9 的规定进行。

(四)注意事项

a. 为了充分发挥沼液肥效，沼液灌施应避免在雨天或气温过高的天气进行，防止田间沼液漫溢和肥效损失。

b. 每次沼液施用前都应检测沼液水质，确保沼液达到质量要求。

九、沼液种植玉米风险管控要求

(一)土壤质量控制

在玉米收获后，立即检测种植土壤耕作层中的速效养分含量、酸碱性、重金属含量，根据土壤养分状况调整施肥量。其中土壤重金属含量应符合 GB 15618 中农用土壤污染筛查值的要求。

(二)玉米质量控制

每次收获后，检测玉米可食用部分中重金属含量及其他污染物含量，含量应符合 GB 2762 对谷物的规定。

参 考 文 献

[1] 刘弘博. CSTR 集中型沼气工程建设运行成本比较研究[D]. 重庆:西南大学,2013.

[2] 王靖文,黎明浩,甘雨,等. 上流式厌氧污泥床反应器技术的现状与发展[J]. 工业水处理,2001(07):12-15.

[3] 唐亮,刘知远. 浅述生物膜法污水处理工艺[J]. 福建质量管理,2016.

[4] 湖北省畜牧兽医局. 规模化高效生态养鸡"553"模式[J]. 农家顾问,2016.

[5] 姜晓霞,王宝维. 堆肥处理的条件控制[J]. 家禽科学,2009(08):45-49.

[6] 夏兴. 我国农村生活污水处理技术的研究进展[J]. 中国资源综合利用,2019,37(09):84-86.

[7] 杨扬. 农村生活污水分散式处理工艺及在广东省的应用情况[J]. 中国资源综合利用,2018,36(12):42-44.

[8] 樊孝军,刘明雄,伍运梅,等. 异位发酵床的建设与管理技术要点[J]. 畜牧兽医科技信息,2020,526(10):73.

[9] 赵丽花. 新型发酵床技术养鸡[J]. 中国畜禽种业,2020,16(06):187.

[10] 刘鸽,于会举,张培生,等. 规模化奶牛场粪污危害及处理方式分析[J]. 中国乳业,2016(11):28-31.

[11] 夏晗,游思,熊家军,等. 浅谈牛床场一体化饲养模式[J]. 中国牛业科学,2020,225(02):59-62.

[12] TELEZHENKO E, LIDFORS L, BERGSTEN C. Dairy cow preferences for soft or hard flooring when standing or walking [J]. Journal of Dairy Science,2007,90:3713-3724.

[13] 王磊. 牛场粪污无害化处理及资源化利用方法简述[C]//第十届(2015)中国牛业发展大会论文汇编. 2015.

[14] VIEGAS S, FAISCA V M, DIAS H, et al. Occupational exposure to poultry dust and effects on the respiratory system in workers[J]. Journal of Toxicology and Environmental Health, Part A, 2013, 76(4-5):230-239.

[15] HOUSE J S, WYSS A B, HOPPIN J A, et al. Early-life farm exposures and adult asthma and atopy in the Agricultural Lung Health Study [J]. J Allergy Clin Immunol, 2017, 140(1):249-256.

[16] LI Q F , WANG-LI L , LIU Z , et al. Major ionic compositions of fine particulate matter in an animal feeding operation facility and its vicinity [J]. Journal of the Air & Waste Management Association, 2014, 64(11): 1279-1287.

[17] MOSTAFA E , NANNEN C , HENSELER J , et al. Physical properties of particulate matter from animal houses—empirical studies to improve emission modelling [J]. Environmental Science and Pollution Research, 2016, 23(12):12253-12263.

[18] 刘滨疆,钱宏光,李旭英,等.空间电场对封闭型畜禽舍空气微生物净化作用的监测[J].中国兽医杂志,2005:20-22.

[19] 段会勇.动物舍微生物气溶胶及其向周围环境的传播[D].泰安:山东农业大学,2008.

[20] 柴同杰, MUELL W. 牛舍空气微生物及微环境传播的研究[J]. 中国预防兽医学报, 1999, 021(004):311-313.

[21] 姚美玲,张彬,柴同杰.鸡兔舍耐药大肠杆菌气溶胶向环境扩散的研究[J].西北农林科技大学学报(自然科学版),2007:60-64.

[22] HONG S , LEE I , HWANG H , et al. CFD modelling of livestock odour dispersion over complex terrain, part Ⅰ: Topographical modelling[J]. Biosystems Engineering, 2011, 108(3):253-264.

[23] 戴鹏远, 沈丹, 唐倩, 等. 畜禽养殖场颗粒物污染特征及其危害呼吸道健康的研究进展[J]. 中国农业科学, 2018.

[24] CAMBRA M, AARNINK A J, ZHAO Y, et al. Airborne particulate matter from livestock production systems: A review of an air pollution problem[J]. Environ Pollut,2010,158: 1-17.

[25] CAMBRA M, TORRES A G, AARNINK A J, et al. Source analysis of fine and coarse particulate matter from livestock houses[J]. Atmospheric Environment,2011,45: 694-707.

[26] EARING J E, SHEAFFER C C, HETCHLER B P, et al. The

effect of steaming on dust concentrations in hay[J]. Journal of Equine Veterinary Science,2013,33: 354-355.

[27] GUSTAFSSON G. Factors affecting the release and concentration of dust in pig houses[J]. Journal of Agricultural Engineering Research, 1999, 74(4):379-390.

[28] ULENS T , MILLET S , RANSBEECK N V , et al. The effect of different pen cleaning techniques and housing systems on indoor concentrations of particulate matter, ammonia and greenhouse gases (CO_2, CH_4, N_2O)[J]. Livestock Science, 2014, 159:123-132.

[29] STÄRK K. The role of infectious aerosols in disease transmission in pigs[J]. The Veterinary Journal,1999,158: 164-181.

[30] GLOSTER J , DOEL C , GUBBINS S , et al. Foot-and-mouth disease: Measurements of aerosol emission from pigs as a function of virus strain and initial dose[J]. Veterinary Journal, 2008, 177(3):374-380.

[31] MUBAREKA S,LOWEN A C,STEEL J,et al. Transmission of influenza virus via aerosols and fomites in the guinea pig model[J]. The Journal of Infectious Diseases,2009,199: 858-865.

[32] NEL A. Air pollution-related illness: Effects of particles[J]. Science,2005,308(5723): 804-806.

[33] O'MARA F P. The significance of livestock as a contributor to global greenhouse gas emissions today and in the near future[J]. Animal Feed Science and Technology,2011,166-167: 7-15.

[34] RASTOGI N,SINGH A,SINGH D,et al. Chemical characteristics of $PM_{2.5}$ at a source region of biomass burning emissions: Evidence for secondary aerosol formation[J]. Environ Pollut,2014,184: 563-569.

[35] BAKUTIS E M,JANUSKEVICIENE G. Analyses of airborne contamination with bacteria, endotoxins and dust in livestock barns and poultry houses[J]. Acta Veterinaria Brno,2004,73: 7.

[36] WANG L, LI Q, BYFIELD G E. Identification of bioaerosols released from an egg production facility in the southeast United States[J]. Environmental Engineering Science, 2013, 30(1):2-10.

[37] GARCIA J, BENNETT D H, TANCREDI D, et al. A survey of particulate matter on California dairy farms[J]. Journal of Environmental Quality, 2013, 42: 40-47.

[38] GERHARD L F, ERIKA B, THOMAS G, et al. Aerosols emitted from a livestock farm in southern Germany[J]. Water, Air and Soil Pollution, 2004, 154: 19.

[39] WU G, XU B, YAO T, et al. Heavy metals in aerosol samples from the Eastern Pamirs collected 2004—2006[J]. Atmospheric Research, 2009, 93(4):784-792.

[40] LI Q, WANG L, LIU Z, et al. Could ozonation technology really work for mitigating air emissions from animal feeding operations?[J]. Journal of the Air & Waste Management Association, 2009, 59(10): 1239-1246.

[41] VISSER B F, CZARICK M, LACY M, et al. Fine particle measurements inside and outside tunnel ventilated broiler houses[J]. The Journal of Applied Poultry Research, 2006, 15(3):394-405.

[42] KAASIK A, MAASIKMETS M. Concentrations of airborne particulate matter, ammonia and carbon dioxide in large scale uninsulated loose housing cowsheds in Estonia[J]. Biosystems Engineering, 2013, 114(3):223-231.

[43] VAN R N, VAN L H, DEMEYER P. Indoor concentrations and emissions factors of particulate matter, ammonia and greenhouse gases for pig fattening facilities[J]. Biosystems Engineering, 2013, 116(4):518-528.

[44] PHILIPPE F X, CABARAUX J F, NICKS B. Ammonia emissions from pig houses: Influencing factors and mitigation techniques[J]. Agriculture Ecosystems & Environment, 2011, 141(3-4):245-260.

[45] 林海，吴庆鹉，杨全明. 不同类型猪舍建筑的环境评价[J]. 农业工程学报，2001，17(7)：93-97.

[46] 王雅玲，柴同杰，吕国忠，等. 养殖环境真菌气溶胶的研究[J]. 家畜生态学报，2005：51-56.

[47] 刘建伟，马文林. 猪舍微生物气溶胶污染特性研究[J]. 安徽农业科

学,2010,38:15665-15667,15676.

[48] 黄藏宇. 猪场微生物气溶胶扩散特征及舍内空气净化技术研究[D]. 金华:浙江师范大学,2012.

[49] 刘滨疆,钱宏光,李旭英,等. 空间电场对封闭型畜禽舍空气微生物净化作用的监测[J]. 中国兽医杂志,2005:20-22.

[50] PEDERSEN S , NONNENMANN M , RAUTIAINEN R , et al. Dust in pig buildings[J]. Journal of Agricultural Safety & Health, 2000, 6(4):261-274.

[51] JACOBSON L, JOHNSTON L, HETCHLER B, et al. Odor emission control by sprinkling oil for dust reduction in pig buildings[J]. Dust Control in Animal Production Facilities,1999,5: 223-230.

[52] LEMAY S P,BARBER E M,BANTLE M,et al. Development of a sprinkling system using undiluted canola oil for dust control in pig buildings [C]//Air Pollution from Agricultural Operations Second International Conference. 2000.

[53] 刘东军,剡根强. 臭氧发生仪对犊牛舍空气消毒的效果观察[J]. 中国奶牛,2014:59-61.

[54] JENSEN A. Changing the environment in swine buildings using sulfuric acid[J]. Transactions of the Asae Online, 2002, 45(1):223-227.

[55] 董红敏,张尽周. 生物质挡尘墙设计与实验研究[J]. 农业工程学报,2000,16: 94-98.